高等职业教育机电类专业系列教材

机械制图与识图习题集

第 2 版

主　编　韩变枝　成图雅
副主编　曹智梅　冯银兰
参　编　马树焕　王　栋
　　　　苏美亭　武俊彪

机械工业出版社

本习题集内容包括制图的基本知识与技能、投影基础、基本体、轴测图、组合体、机件的表达方法、零件的结构分析及尺寸标注、零件图上的技术要求、典型零件图的识读及零件测绘、标准件与常用件、装配图的绘制和识读和计算机绘图。习题题型新颖多样，题量和难度适中，且配有适量的直观图。本习题集最后还附有习题中用到的形体的立体图，方便读者分析思考。另外，还特别选编了两套国家职业资格制图员考试题，以便读者自测和掌握课程的重点要求。

本习题集可作为高等职业学院、高等专科学校、成人高校及应用型本科院校机械类、机电类及相关专业的制图课程教材，也可供有关工程技术人员参考。

图书在版编目（CIP）数据

机械制图与识图习题集/韩变枝，成图雅主编. —2版. —北京：机械工业出版社，2020.8（2025.2重印）

高等职业教育机电类专业系列教材

ISBN 978-7-111-66074-3

Ⅰ.①机… Ⅱ.①韩…②成… Ⅲ.①机械制图-高等职业教育-习题集②机械图-识图-高等职业教育-习题集 Ⅳ.①TH126-44

中国版本图书馆 CIP 数据核字（2020）第 122688 号

机械工业出版社（北京市百万庄大街22号 邮政编码100037）
策划编辑：王宗锋　责任编辑：王宗锋　杨作良
责任校对：李　婷　封面设计：严娅萍
责任印制：邰　敏
中煤（北京）印务有限公司印刷
2025年2月第2版第6次印刷
370mm×260mm·14.5印张·349千字
标准书号：ISBN 978-7-111-66074-3
定价：39.80元

电话服务　　　　　　　　网络服务
客服电话：010-88361066　机　工　官　网：www.cmpbook.com
　　　　　010-88379833　机　工　官　博：weibo.com/cmp1952
　　　　　010-68326294　金　书　网：www.golden-book.com
封底无防伪标均为盗版　机工教育服务网：www.cmpedu.com

第 2 版前言

本习题集是在《机械制图与识图习题集》的基础上修订而成的，是《机械制图与识图》第 2 版的配套习题集，是在总结机械制图课程教学经验及改革成果的基础上，采用现行国家标准编写而成。

本习题集教学思想、结构、章节层次与配套教材一致。每章均有一定数量的习题，所给习题都按由浅入深、循序渐进的顺序编排。在选题方面，既注意到题目的典型性、代表性与实用性，又注意了题目类型的多样化，力求通过适量的、多种形式的训练，培养和提高读者画图、识图和分析问题的能力。本习题集突出以看图为主，同时增加了不少有新意的题型，突破了过去制图习题集的成规。附录中的立体图可以帮助读者想象立体形状，因而在使用时，可以收到作图时间少而收效大的效果。本习题集的最后附有两套国家职业资格制图员考试题，方便读者自测。

本习题集由韩变枝、成图雅任主编，曹智梅、冯银兰任副主编。具体参加编写人员及分工：广东松山职业技术学院曹智梅（第一、四章）、山西工程技术学院韩变枝（第二、三、五、六章）、内蒙古机电职业技术学院成图雅和武俊彪（第七章、附录）、山西工程技术学院王栋（第八、十二章）、山西工程技术学院冯银兰（第九章）、山东工业技师学院苏美亭（第十章）以及山西工程技术学院马树焕（第十一章）。本习题集由太原理工大学杨胜强教授主审。

由于编者水平有限，书中难免有不足之处，敬请读者批评指正。

编　者

目 录

第 2 版前言
第一章 制图的基本知识与技能 ………………………………………………………………… 1
第二章 投影基础 ………………………………………………………………………………… 7
第三章 基本体 …………………………………………………………………………………… 14
第四章 轴测图 …………………………………………………………………………………… 19
第五章 组合体 …………………………………………………………………………………… 21
第六章 机件的表达方法 ………………………………………………………………………… 39
第七章 零件的结构分析及尺寸标注 …………………………………………………………… 54
第八章 零件图上的技术要求 …………………………………………………………………… 59
第九章 典型零件图的识读及零件测绘 ………………………………………………………… 64
第十章 标准件与常用件 ………………………………………………………………………… 79
第十一章 装配图的绘制和识读 ………………………………………………………………… 83
第十二章 计算机绘图 …………………………………………………………………………… 96
附录 ……………………………………………………………………………………………… 99
    附录 A 习题中用到的典型立体图 …………………………………………………………… 99
    附录 B 中级制图员试题选编 ………………………………………………………………… 106

第一章 制图的基本知识与技能

1-1 字体练习

机械设备材料标准制图名称数量盖技术要求热处理调质铸铁圆角零件

投影规律长对正高平齐宽相等仿宋比例数量名称学号姓审核制图标题

字体端正笔划清楚横平竖直填满方格注意起落结构匀称排列整齐写方

班级　　姓名　　学号　　日期

1-1（续）

ABCDEFGHIJKLMNOPQ   *ABCDEFGHIJKLMNOPQ*

RSTUVWXYZ Ⅰ Ⅱ Ⅲ Ⅳ Ⅴ Ⅵ Ⅶ Ⅷ   *RSTUVWXYZ Ⅰ Ⅱ Ⅲ Ⅳ Ⅴ Ⅵ Ⅶ Ⅷ*

1 2 3 4 5 6 7 8 9 10 11 12 13 14   *1 2 3 4 5 6 7 8 9 10 11 12 13 14*

b c d e f g h i j k l m n o p   *b c d e f g h i j k l m n o p*

班级　　　姓名　　　学号　　　日期

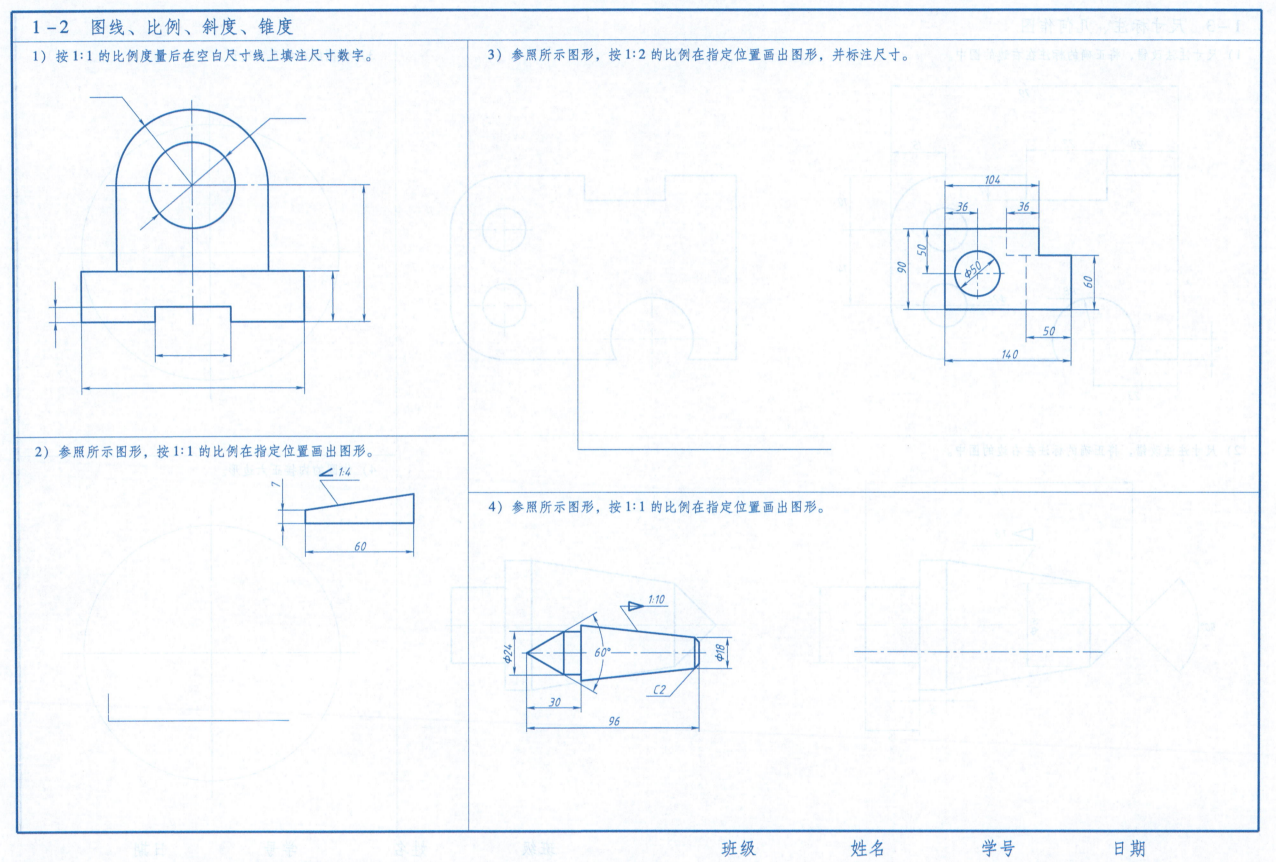

1-3 尺寸标注、几何作图

1) 尺寸注法改错,将正确的标注在右边的图中。

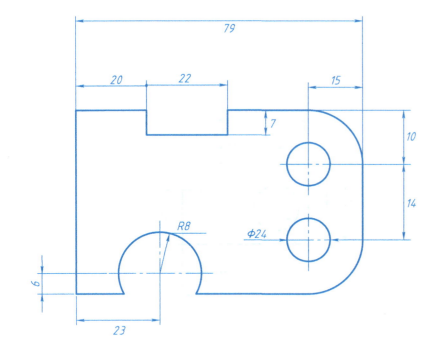
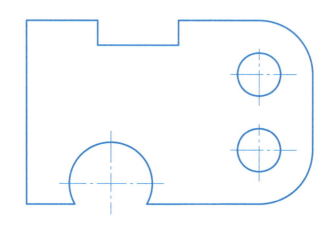

3) 作圆的内接正五边形。

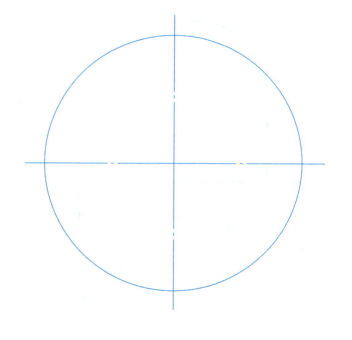

2) 尺寸注法改错,将正确的标注在右边的图中。

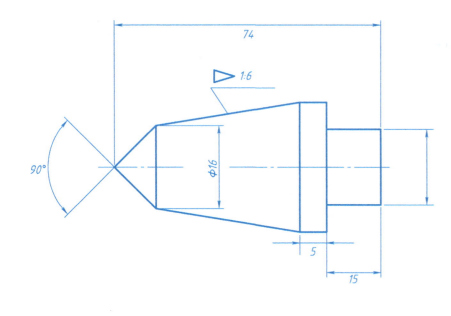
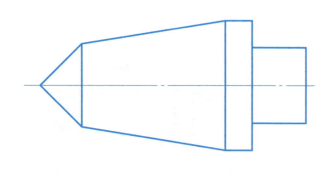

4) 作圆的内接正六边形。

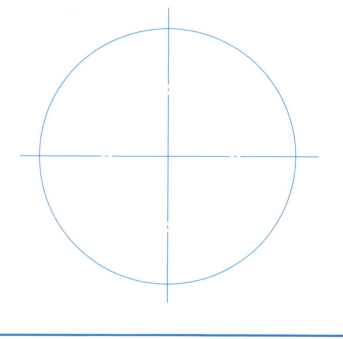

| 班级 | 姓名 | 学号 | 日期 |

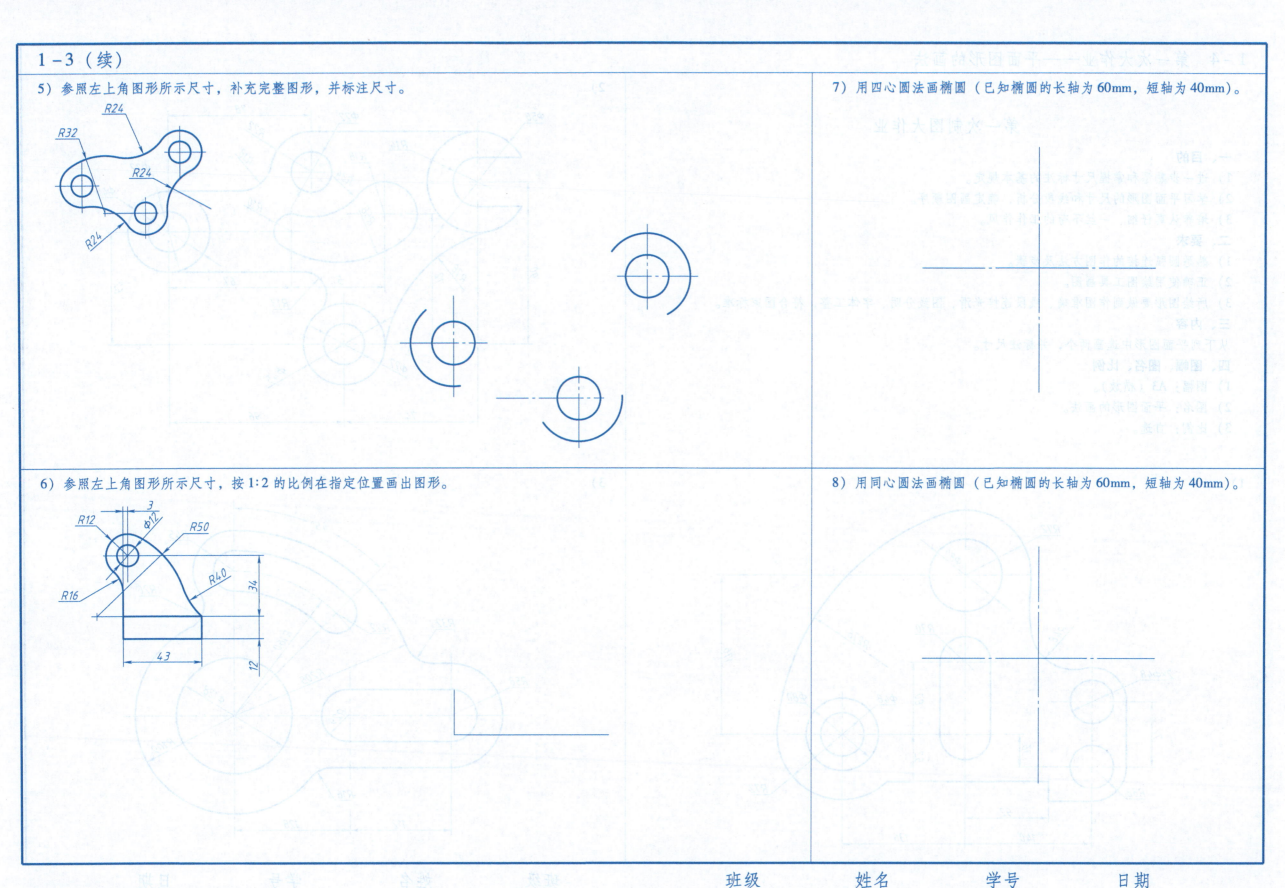

1-4　第一次大作业——平面图形的画法

第一次制图大作业

一、目的
1）进一步熟悉和掌握尺寸标注的基本规定。
2）学习平面图形的尺寸和线段分析，确定画图顺序。
3）培养认真仔细、一丝不苟的工作作风。

二、要求
1）熟悉圆弧连接的作图方法及步骤。
2）正确使用绘图工具画图。
3）所绘图形要做到作图准确、线段连接光滑、图线分明、字体工整，符合国家标准。

三、内容
从下列平面图形中选画两个，并标注尺寸。

四、图幅、图名、比例
1）图幅：A3（横放）。
2）图名：平面图形的画法。
3）比例：自选。

2)

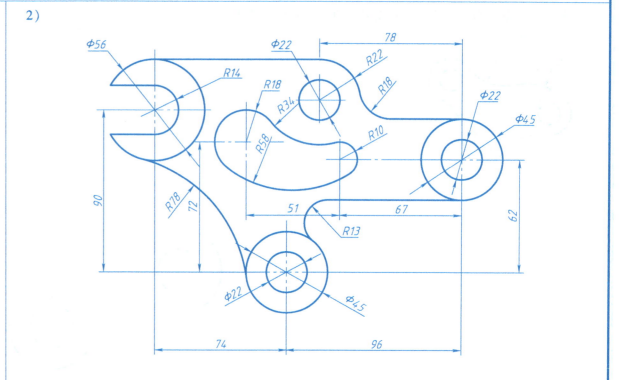

1)

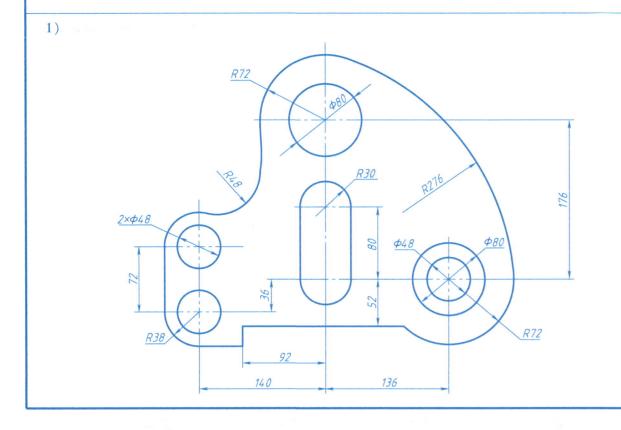

3)

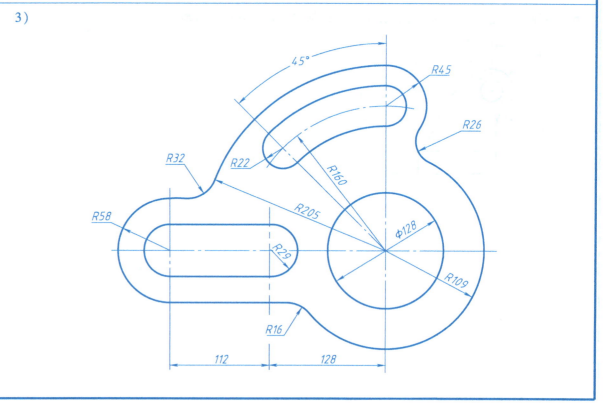

| 班级 | 姓名 | 学号 | 日期 |

第二章 投影基础

2-1 点的投影

1) 根据立体图，在三面投影中作出 A、B 两点的三面投影。

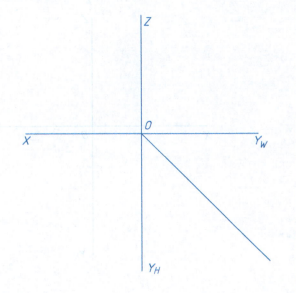
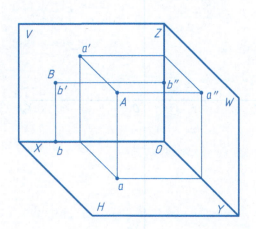

3) 作出 A、B 两点的侧面投影，结合立体图说明点 A 在点 B 的（　　）方、（　　）方、（　　）方。

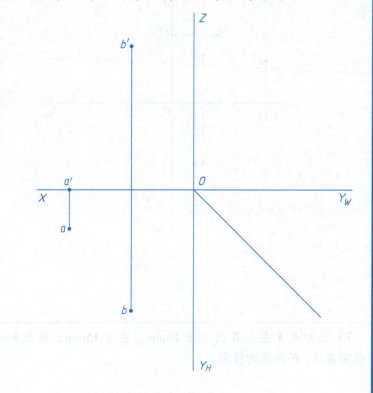

2) 作出各点的第三面投影，并画出其立体图。

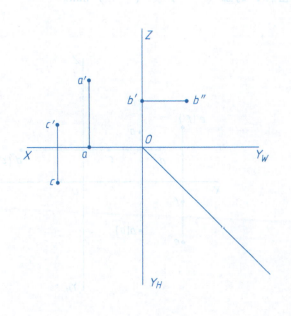
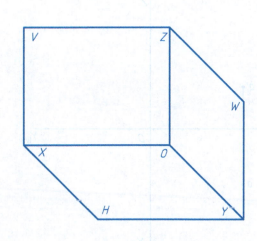
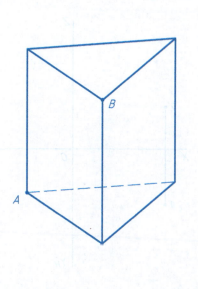

班级　　姓名　　学号　　日期

2-1（续）

4) 已知 A、B、C 三点的两面投影，求它们的第三面投影。

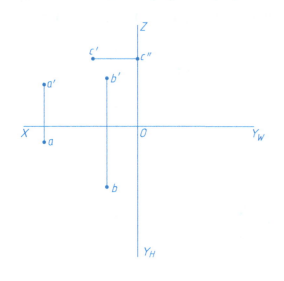

5) 已知点 A（10，20，15）、点 B（15，20，10）、点 C（30，16，20），作点 A、B、C 的三面投影。

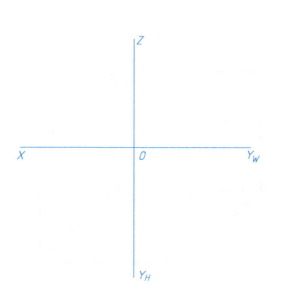

6) 已知点 A 距 H 面的距离为 15mm，距 V 面的距离为 20mm，距 W 面的距离为 10mm，作点 A 的三面投影。

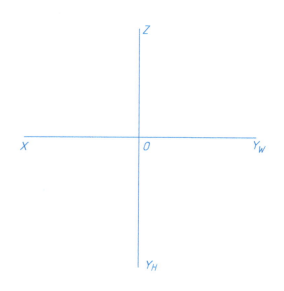

7) 已知点 A 在点 B 的上方 10mm、左方 15mm、前方 8mm 处，试完成 A、B 两点的投影。

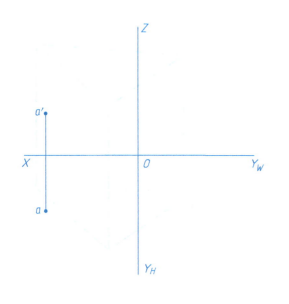

8) 已知点 B 在点 A 的正上方 10mm 处、点 C 在点 B 正右方 15mm 处，试完成 A、B、C 三点的投影。

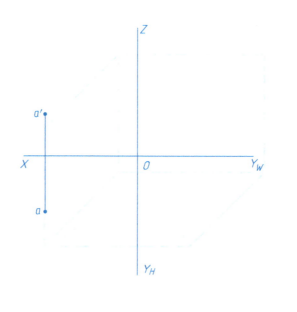

9) 求作下列各点的第三投影。并说明点 A 在点 B 的正（　　）方（　　）mm，点 C 在点 D 的正（　　）方（　　）mm，点 E 在点 F 的正（　　）方（　　）mm。

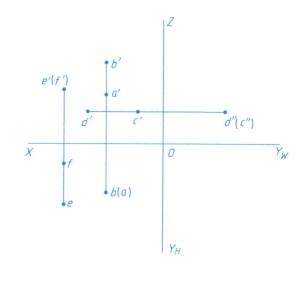

| 班级 | 姓名 | 学号 | 日期 |

2-2 直线的投影

1) 已知直线段 AB 的两端点的坐标 A(10, 0, 30)、B(35, 25, 5)，求作直线 AB 的三面投影。

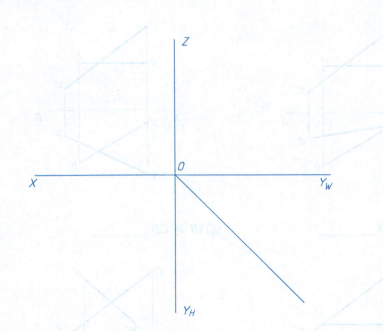

2) 已知铅垂线 AB 的点 A 距 H 面距离为 10mm，点 B 在点 A 的上方，AB 实长为 20mm，求作 AB 的三面投影。

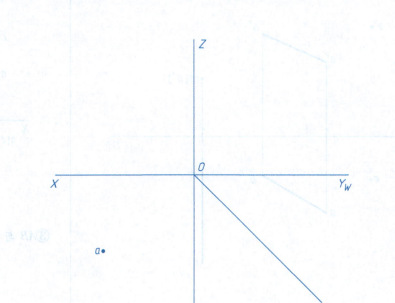

5) 作出两直线 AB、CD 的第三面投影，参照立体图，说明这两直线的相对位置是（　）。
（a）相交　　（b）平行　　（c）交叉

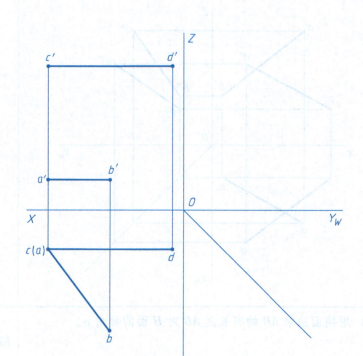

3) 补充完整水平线 AB 的三面投影。

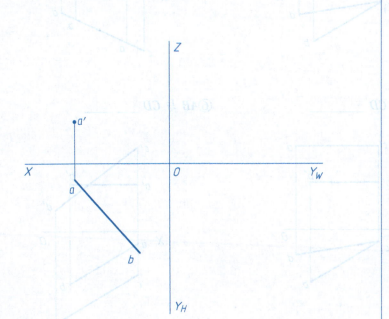

4) 在直线 AB 上取一点 C，使 AC:CB = 1:2，作直线 AB 的侧面投影和点 C 的三面投影。

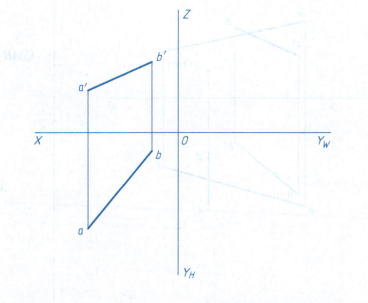

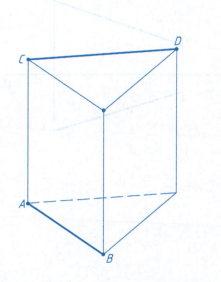

班级　　姓名　　学号　　日期

2-2（续）

6）已知点 E、M 在直线 AB 上，点 F、N 在直线 CD 上，在直线 AB、CD 上作对 H 面的重影点 E、F 的三面投影，对 V 面的重影点 M、N 的三面投影。

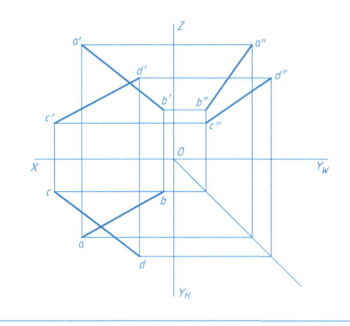

7）过点 E 作一直线 MN，使其与两直线 AB、CD 均相交。

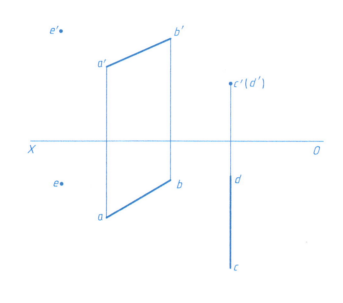

8）用换面法求 AB 的实长及 AB 对 H 面的倾角 α。

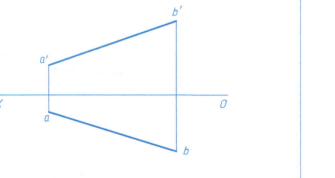

9）作一直线 MN，使其与直线 AB 平行、且与直线 CD 和 EF 均相交。

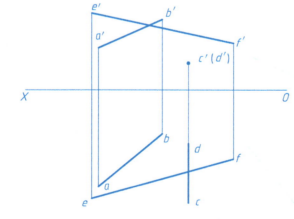

10）根据所给投影，判断两直线的相对位置。

① AB 与 CD _____   ② AB 与 CD _____

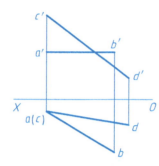 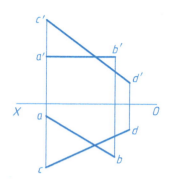

③ AB 与 CD _____   ④ AB 与 CD _____

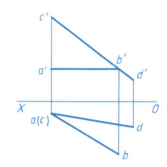 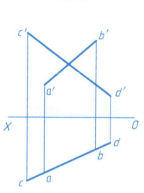

⑤ AB 与 CD _____   ⑥ AB 与 CD _____

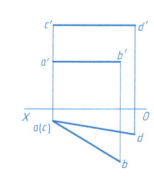 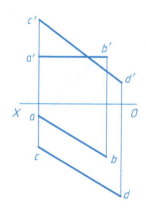

2-3 平面的投影

1) 根据所给投影，作出下列平面的第三投影，并判断它们是什么位置的平面。

①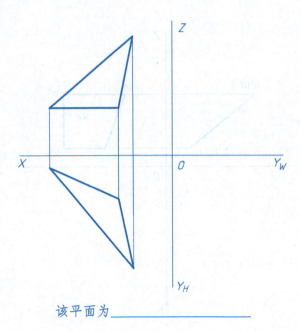

该平面为＿＿＿＿

②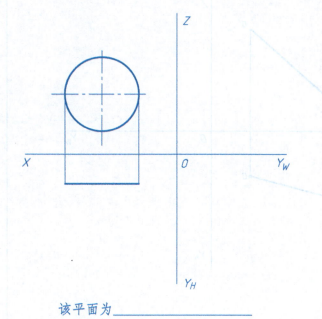

该平面为＿＿＿＿

③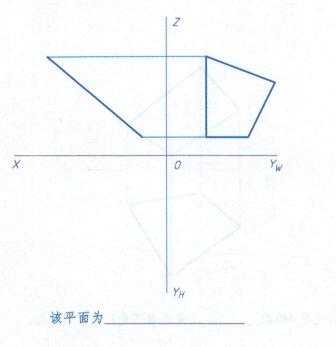

该平面为＿＿＿＿

④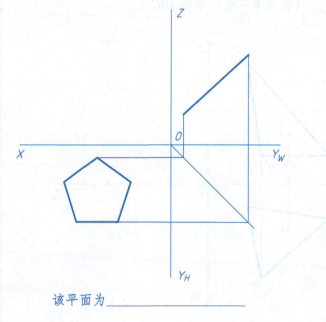

该平面为＿＿＿＿

2) 对照所给立体图，在投影图中标出平面 P、Q、R、S 的投影，分析 P、Q、R、S 面各为什么位置的平面。

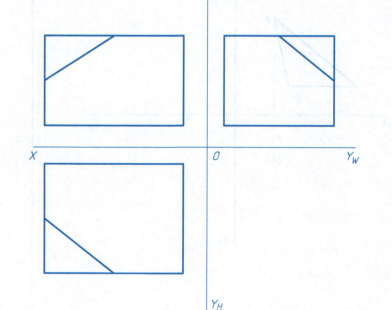

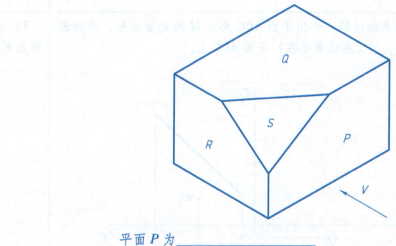

平面 P 为＿＿＿＿
平面 Q 为＿＿＿＿
平面 R 为＿＿＿＿
平面 S 为＿＿＿＿

班级　　姓名　　学号　　日期

2-3（续）

3）根据所给投影，补充完整正平面 ABC 的三面投影。

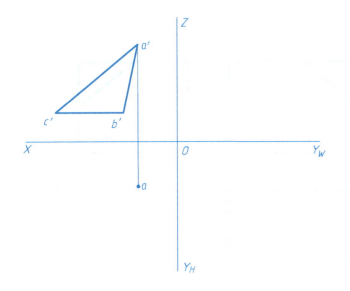

4）已知直线 AB，过该直线作一正垂面 P。

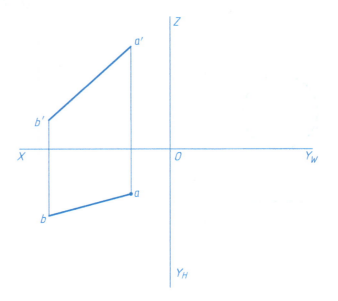

5）根据所给投影，补充完整平面 ABCD 及其上点 M 的三面投影。

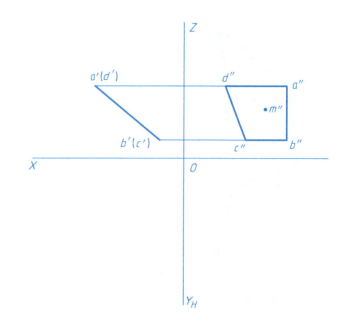

6）根据所给投影，作出平面 ABC 及点 M 的正面投影，并判断点 M _____（在或者不在）平面 ABC 上。

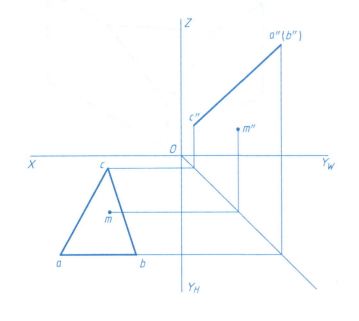

7）根据所给投影，作出平面 ABC 的侧面投影，并通过作图判断点 K _____（在或者不在）平面 ABC 上。

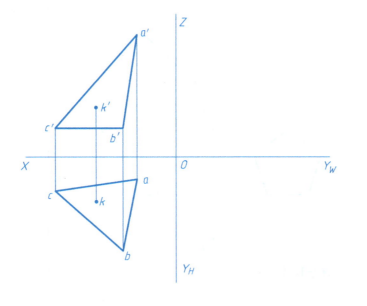

8）根据所给投影，通过作图判断四边形 ABCD 是否为平面四边形。

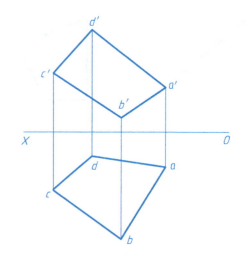

四边形 ABCD _____（是或者不是）平面四边形。

2-3（续）

9) 试求平面 ABC 上的直线 BD 的正面投影。

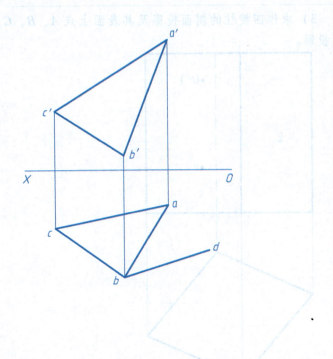

10) 已知平面四边形 ABCD 的边 AD 为水平线，补全平面四边形 ABCD 的正面投影。

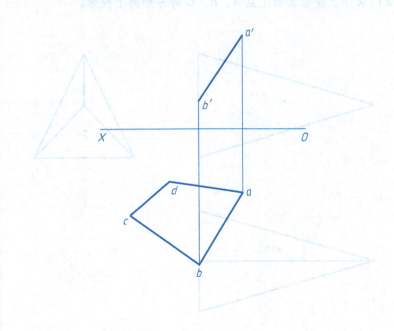

11) 在平面 ABC 上作一正平线 CF。

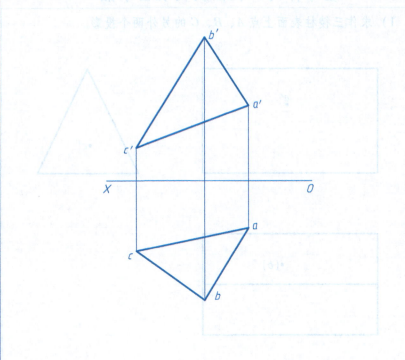

12) 根据所给投影，通过作图判断下列相互平行的直线是否在同一平面内。

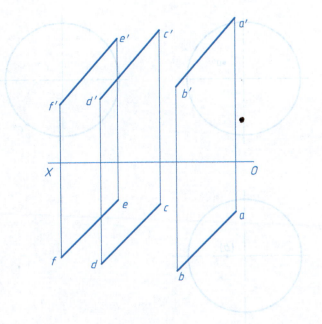

13) 根据所给投影，补全平面多边形 ABCDE 的正面投影。

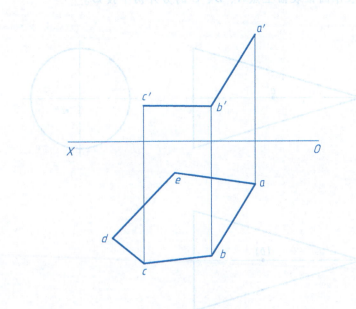

14) 在平面 ABC 内取一点 K，使其距 H 面的距离为 25mm，距 V 面的距离为 20mm。

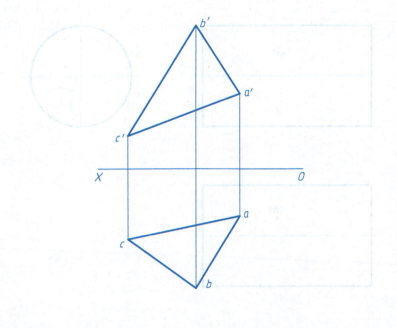

班级　　　姓名　　　学号　　　日期

第三章 基 本 体

3-1 基本体的三视图及其表面取点

1) 求作三棱柱表面上点 A、B、C 的另外两个投影。

2) 求作三棱锥表面上点 A、B、C 的另外两个投影。

3) 求作四棱柱的侧面投影及其表面上点 A、B、C 的另外两个投影。

4) 求作圆柱表面上点 A、B、C 的另外两个投影。

5) 求作圆锥表面上点 A、B、C 的另外两个投影。

6) 求作圆球表面上点 A、B、C 的另外两个投影。

班级　　姓名　　学号　　日期

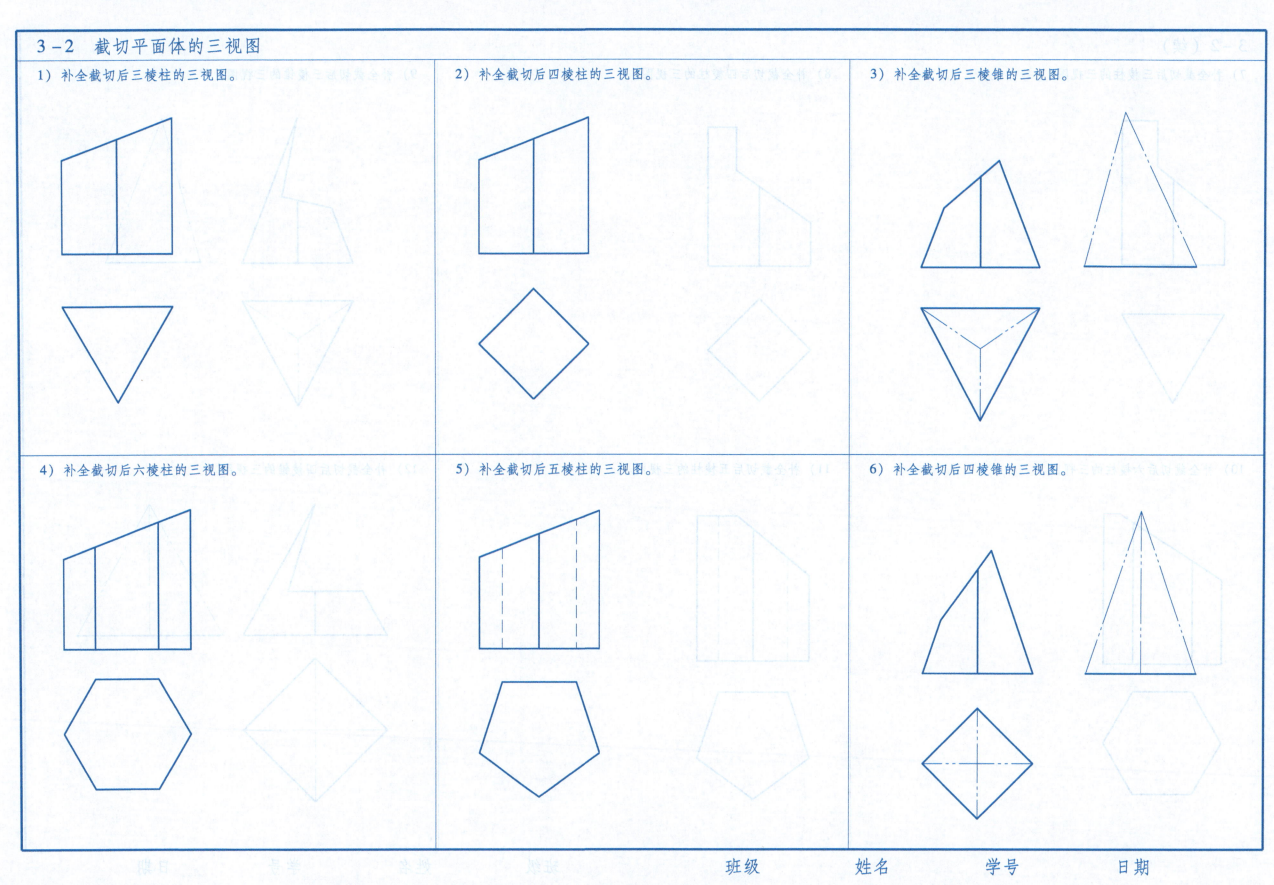

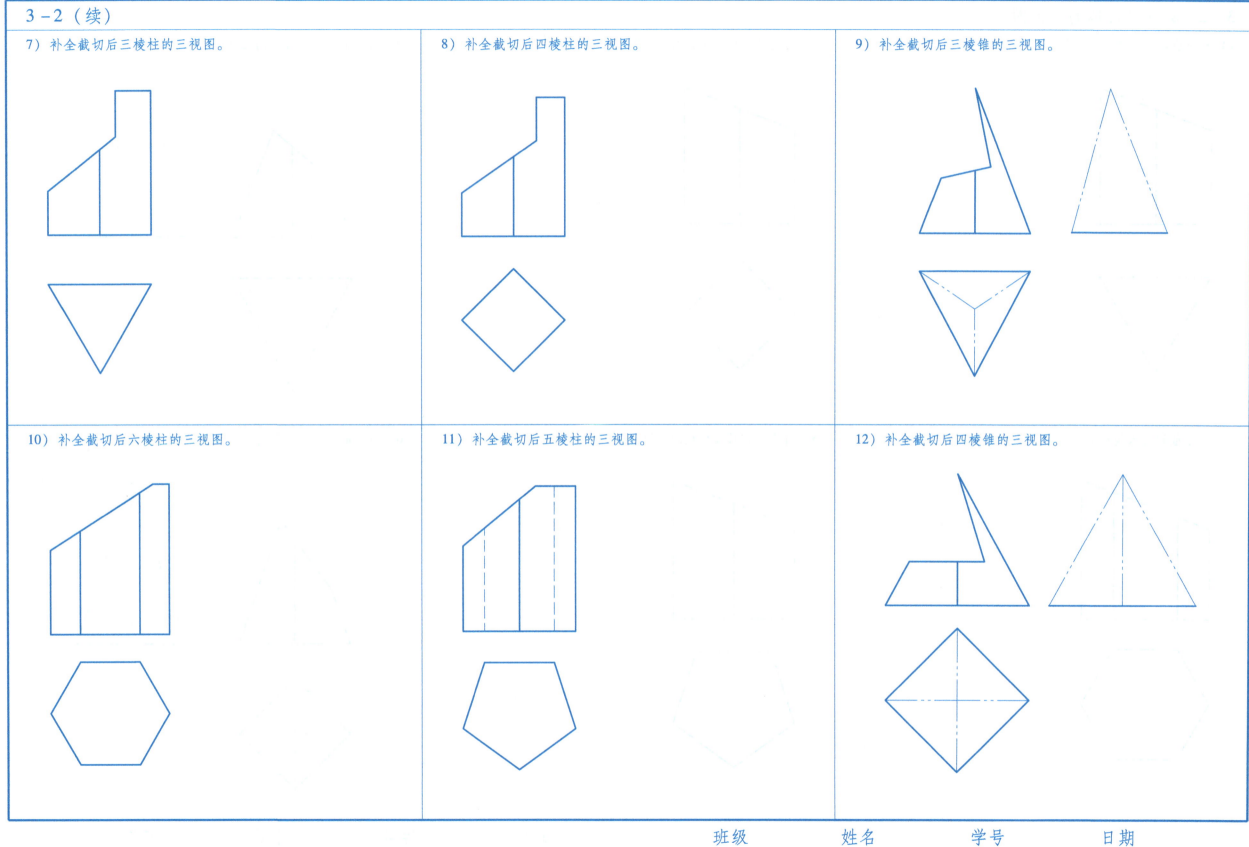

3-3 截切回转体的三视图

1) 补全截切后圆柱的三视图。

2) 补全截切后圆柱的三视图。

3) 补全截切后圆锥的三视图。

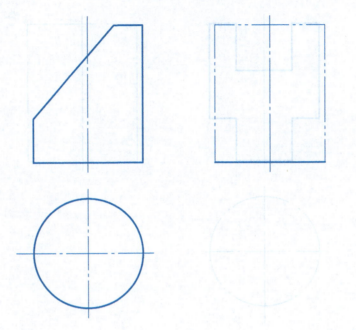
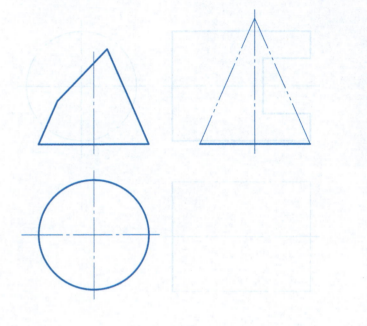

4) 补全截切后圆锥的三视图。

5) 补全截切后圆锥的三视图。

6) 补全截切后球的三视图。

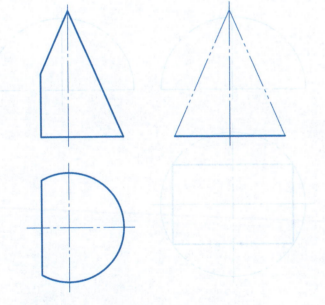
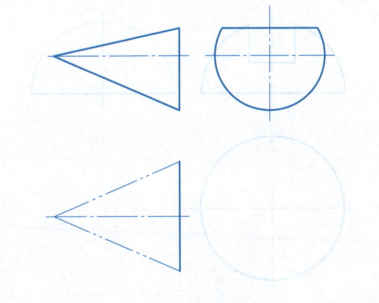
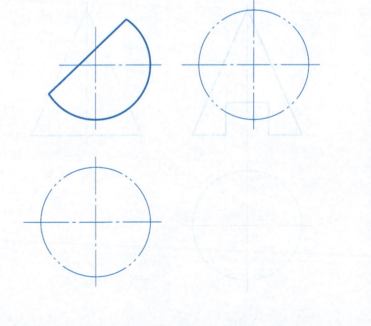

班级　　姓名　　学号　　日期

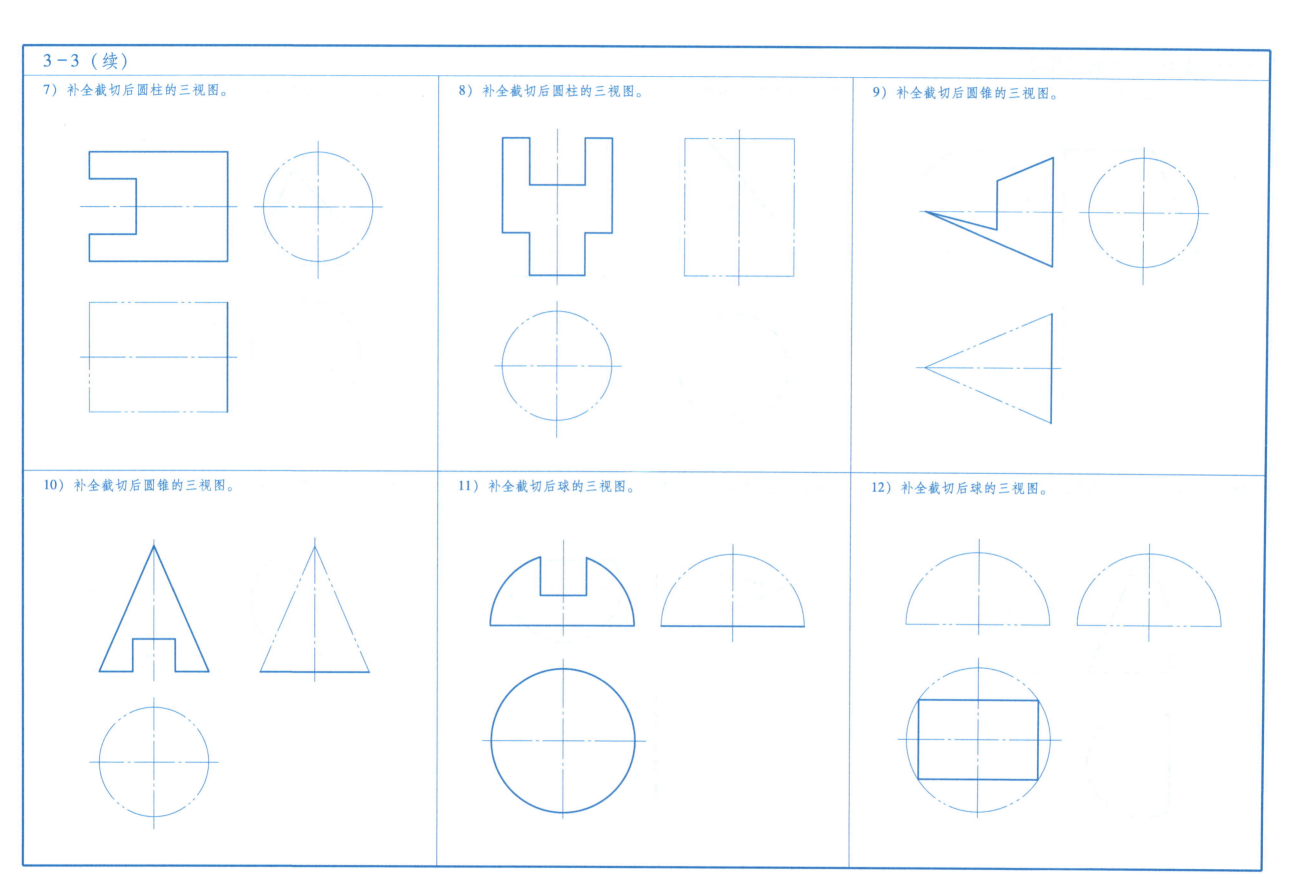

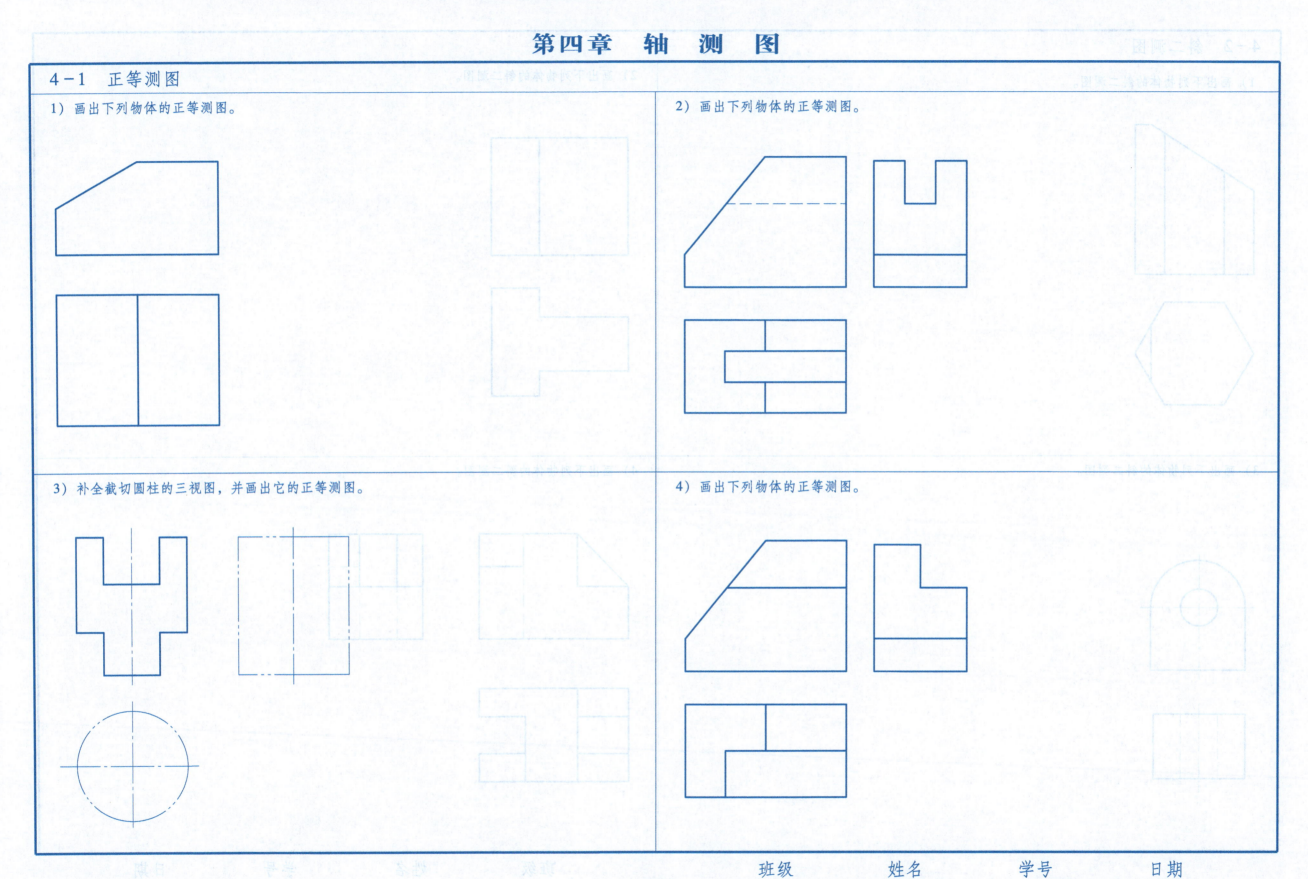

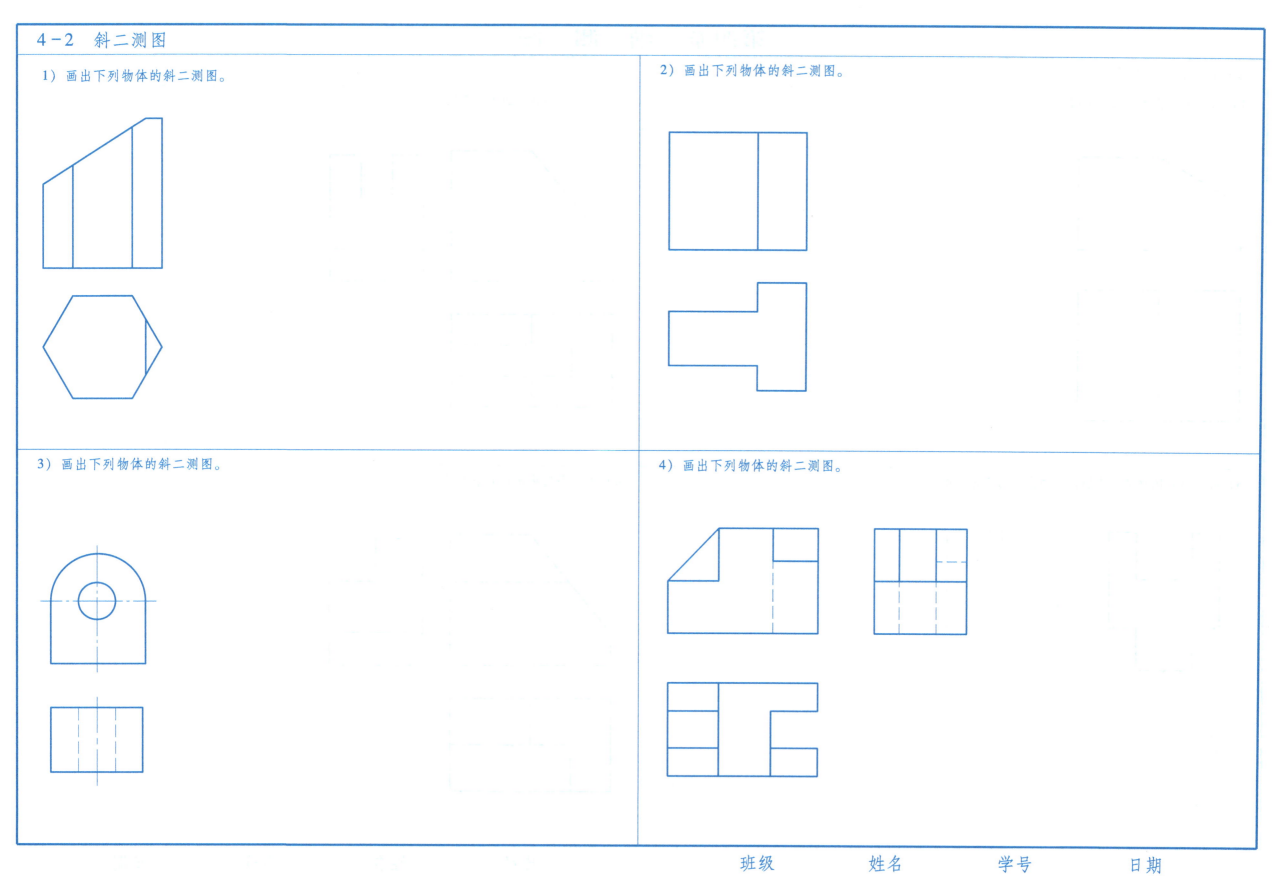

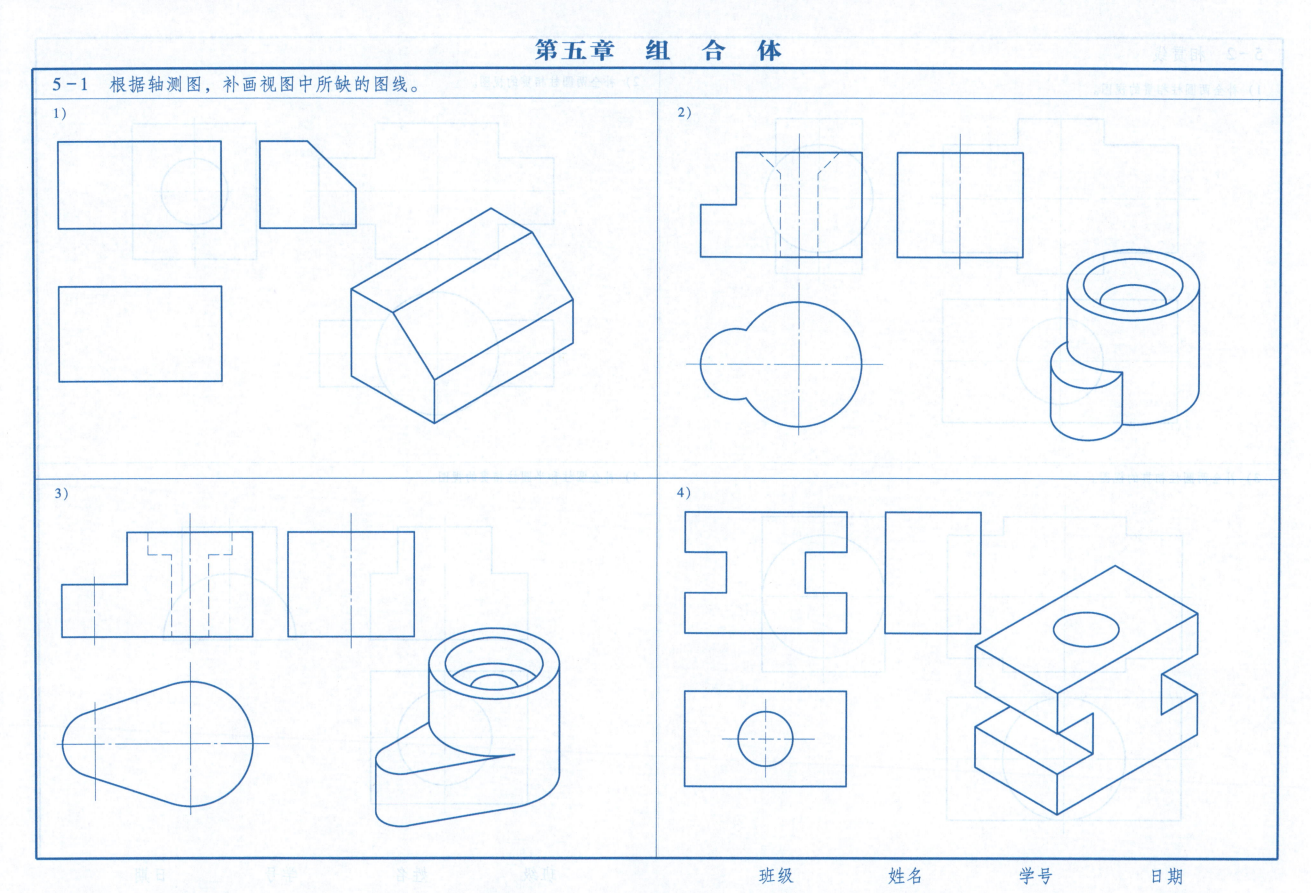

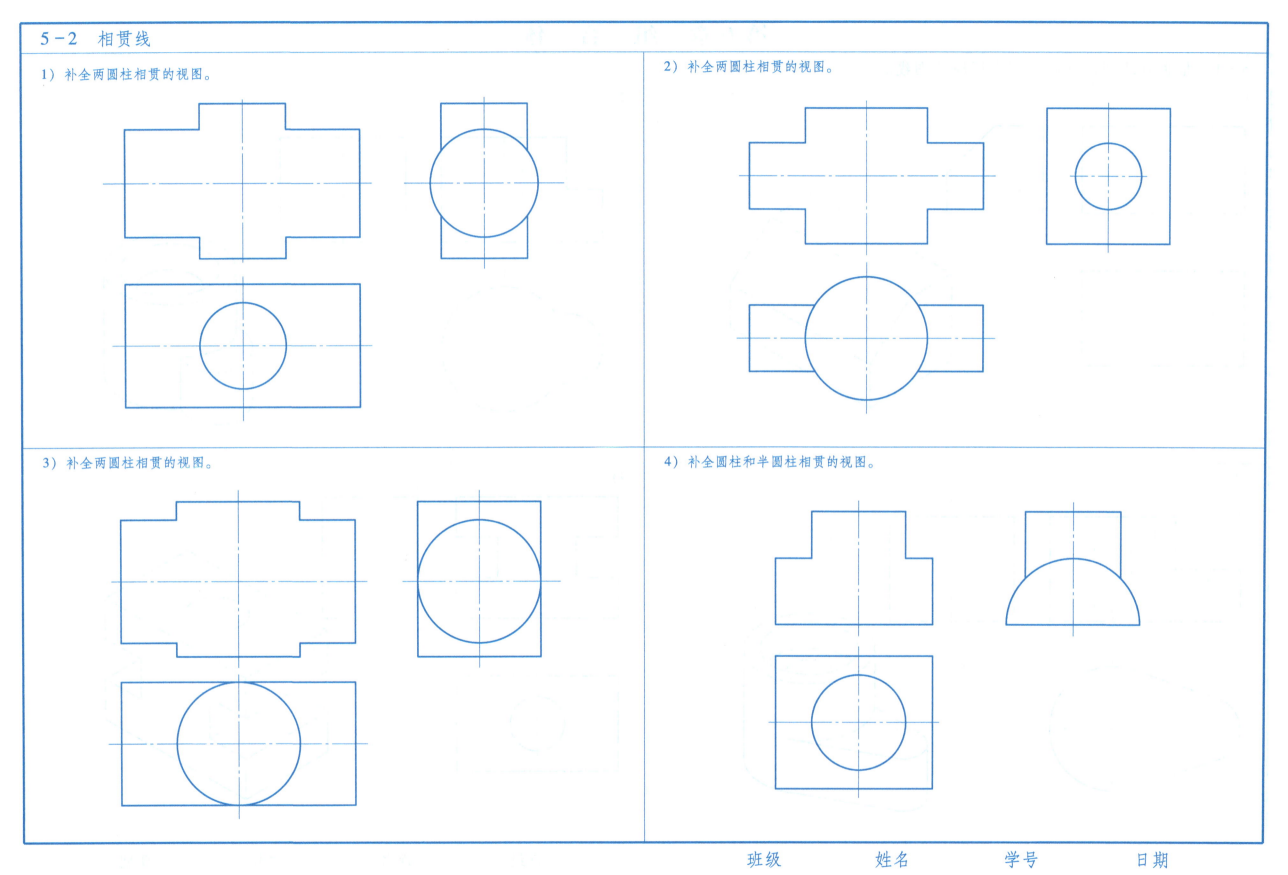

5-2（续）

5）补全相贯体的视图。

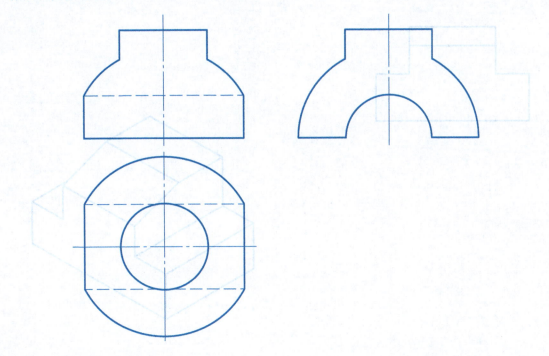

6）求作相贯线的投影。

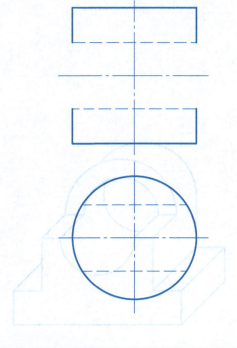
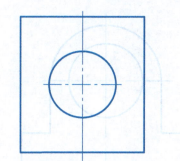

7）补全相贯线的投影。

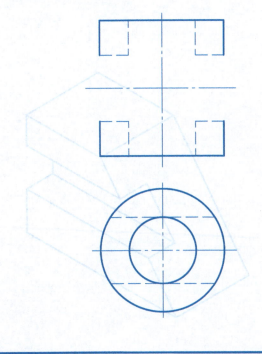
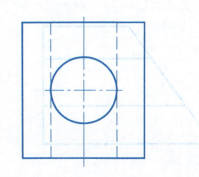

8）补全相贯体的视图。

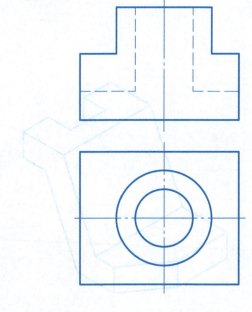
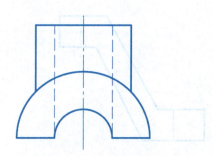

班级　　姓名　　学号　　日期

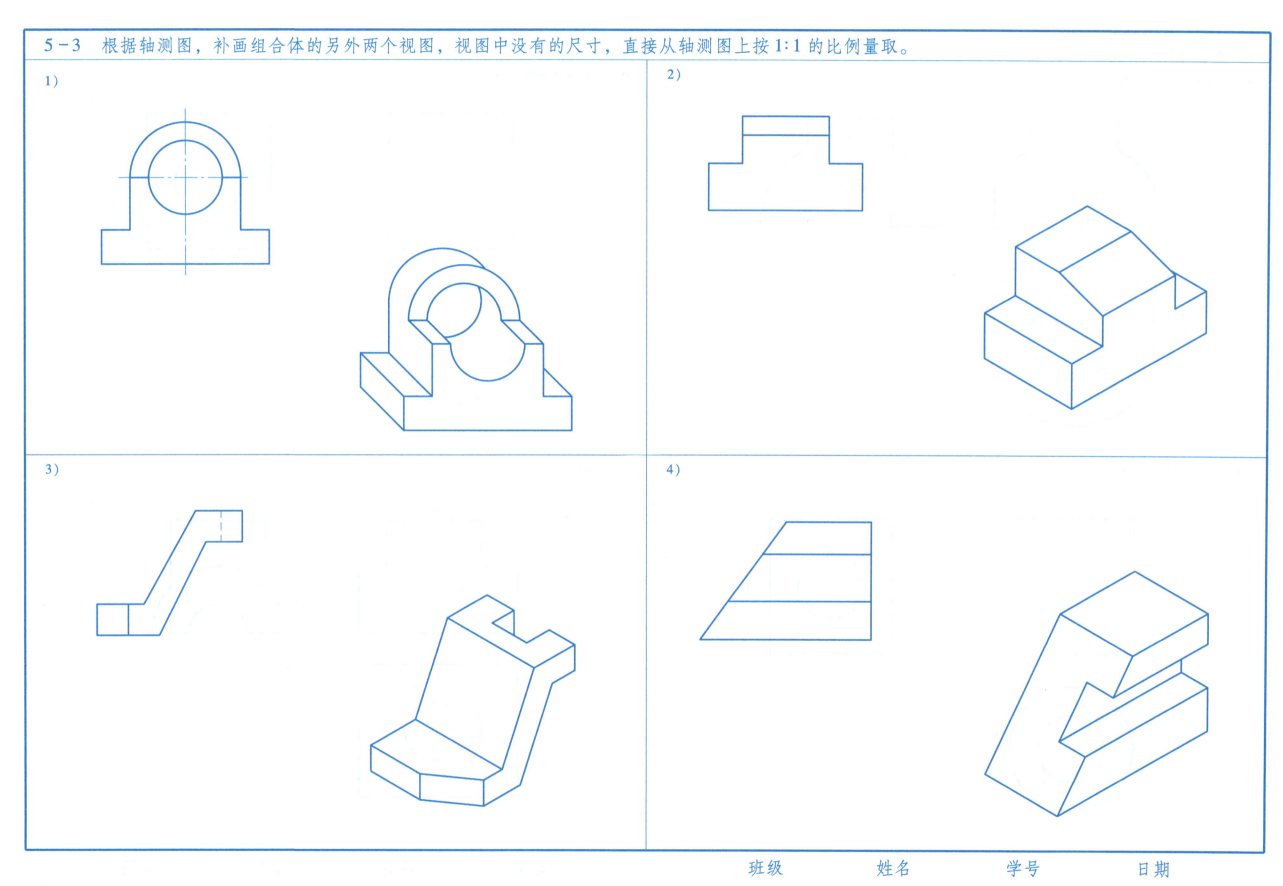

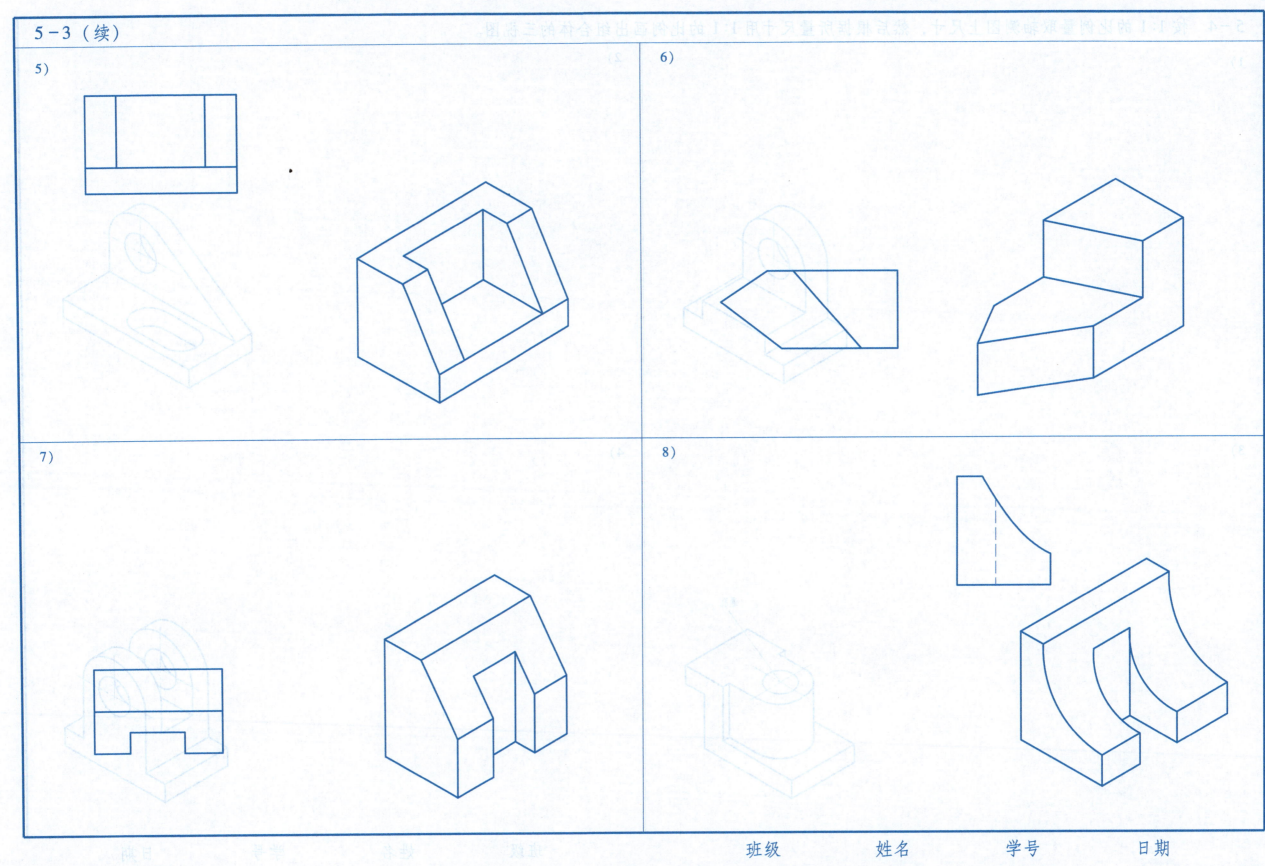

5-4 按1:1的比例量取轴测图上尺寸，然后根据所量尺寸用1:1的比例画出组合体的三视图。

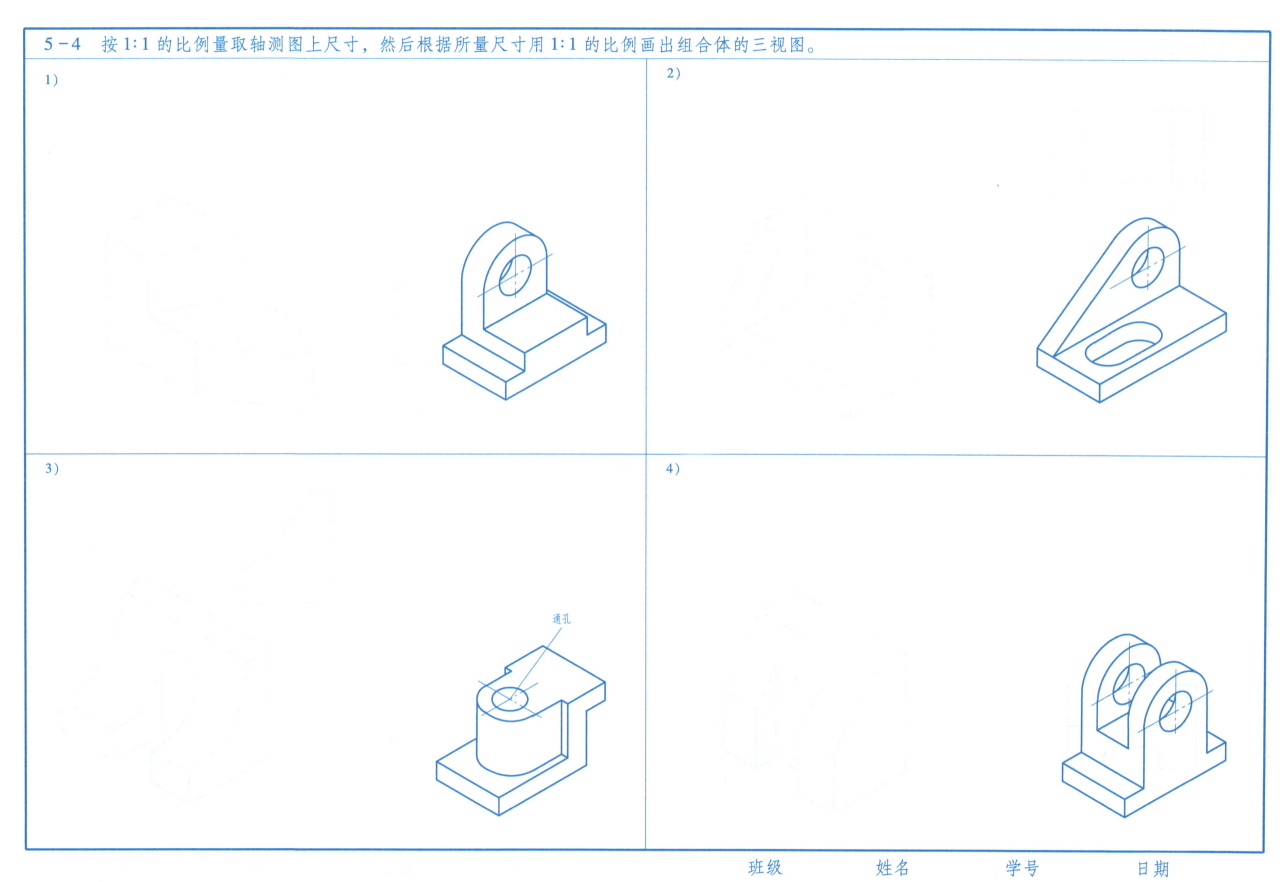

5-5 根据轴测图上所标尺寸，按1:1的比例画组合体的三视图。

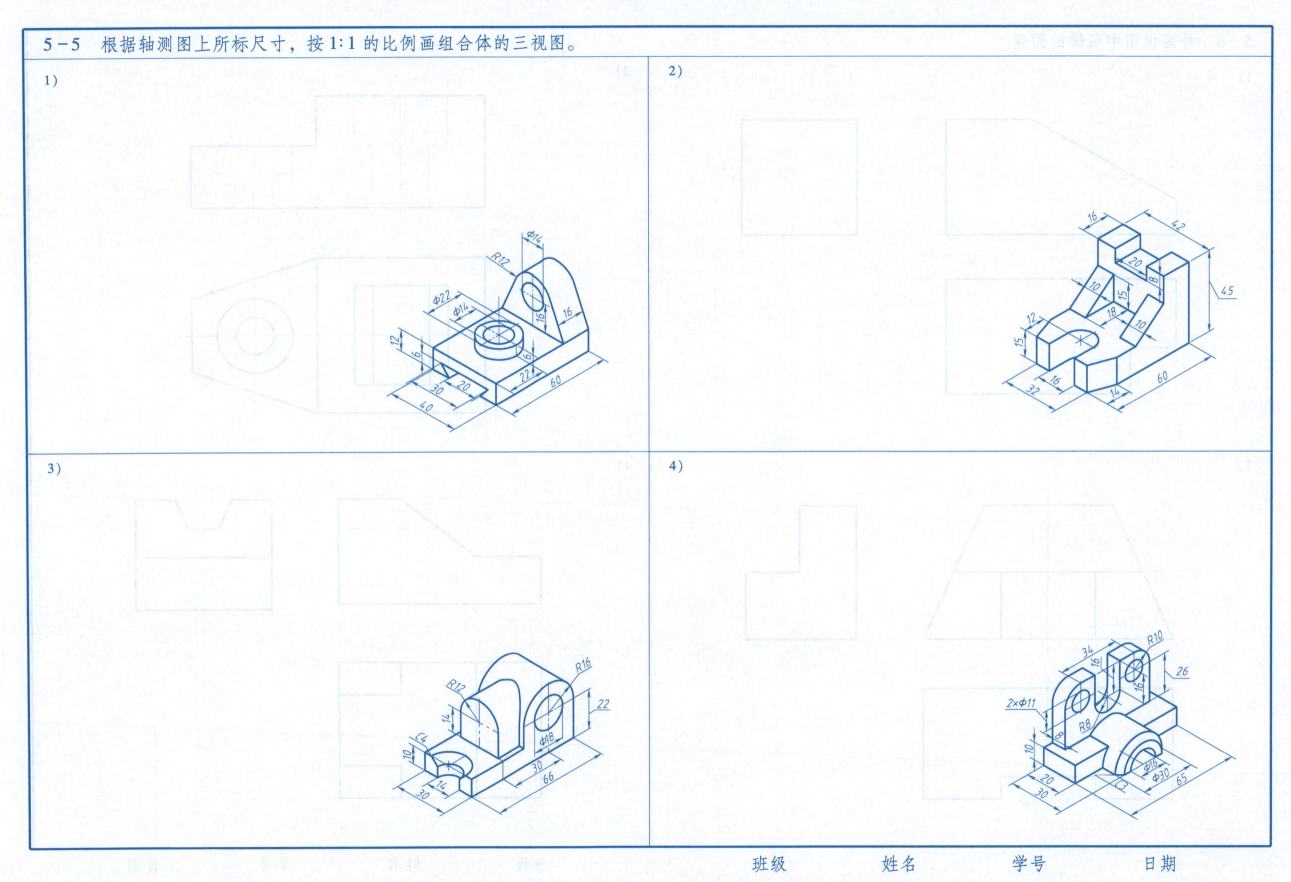

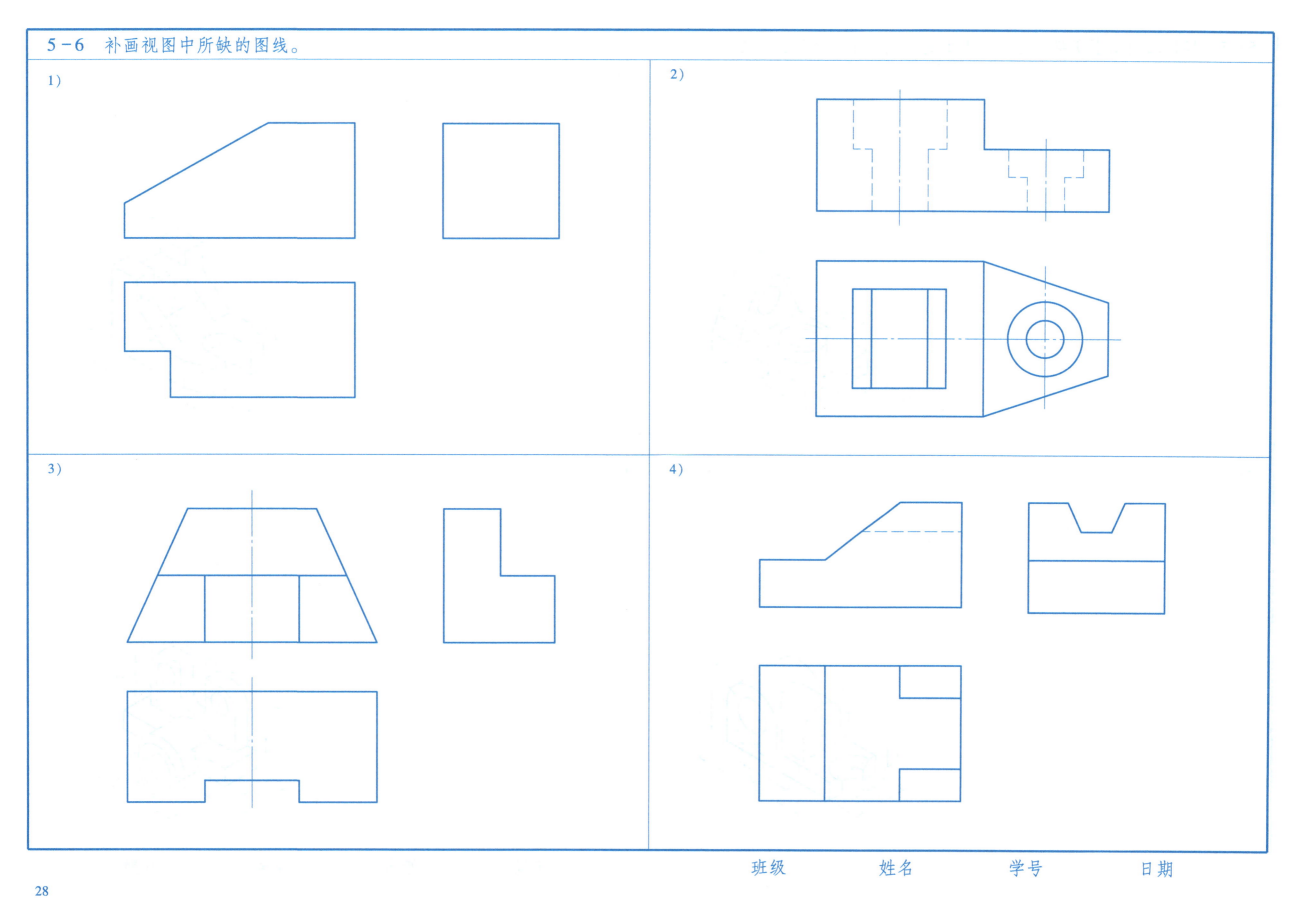

5-6 补画视图中所缺的图线。

1)
2)
3)
4)

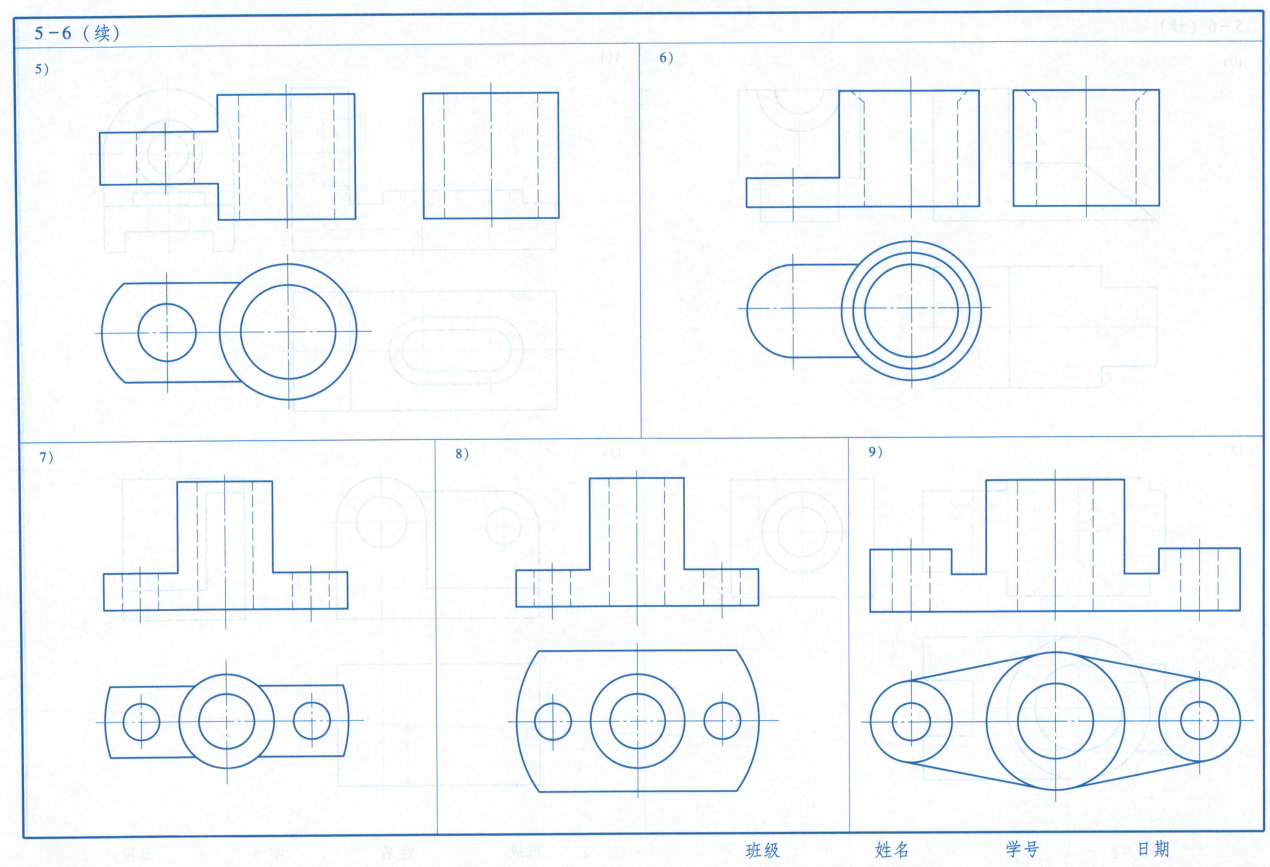

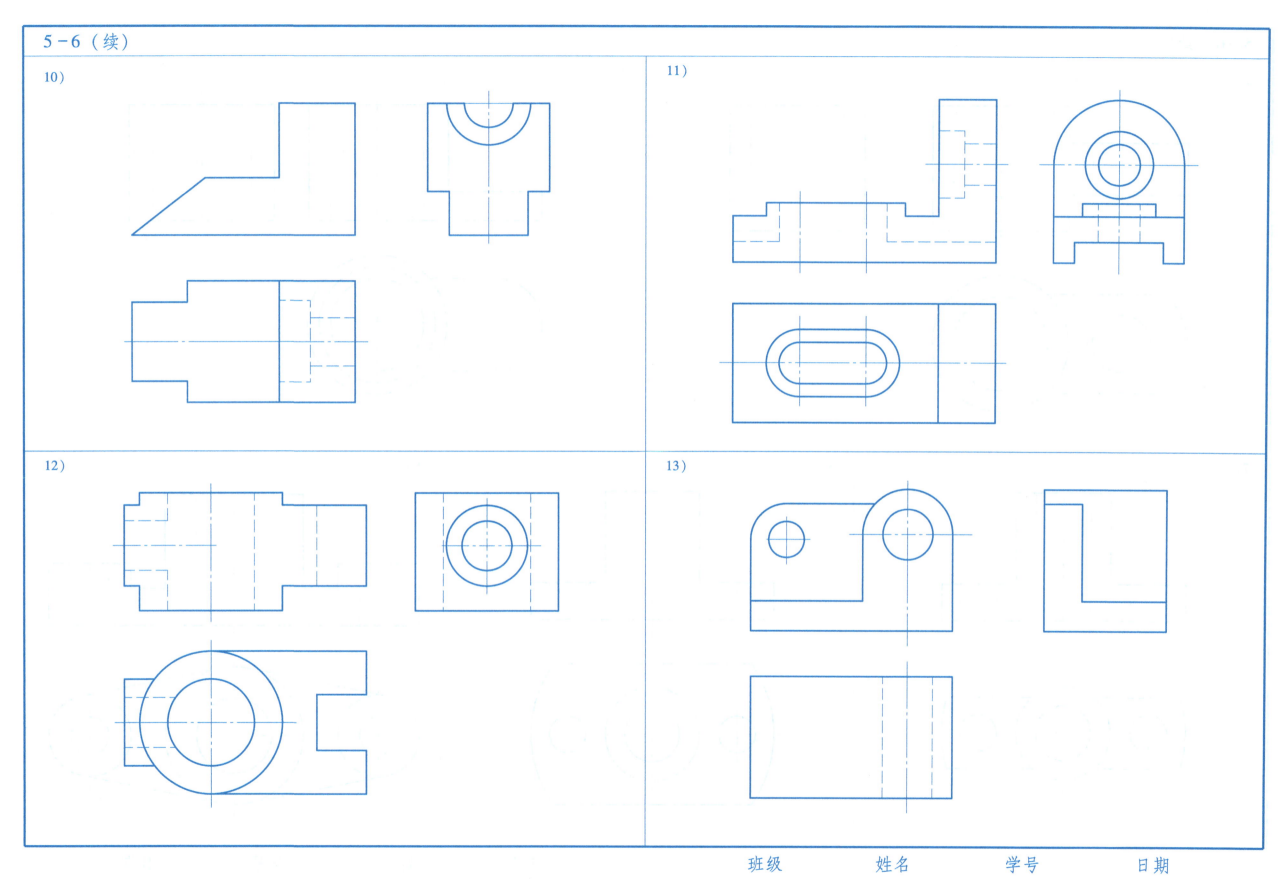

5-7 补画第三视图。

1)
2)
3)
4)

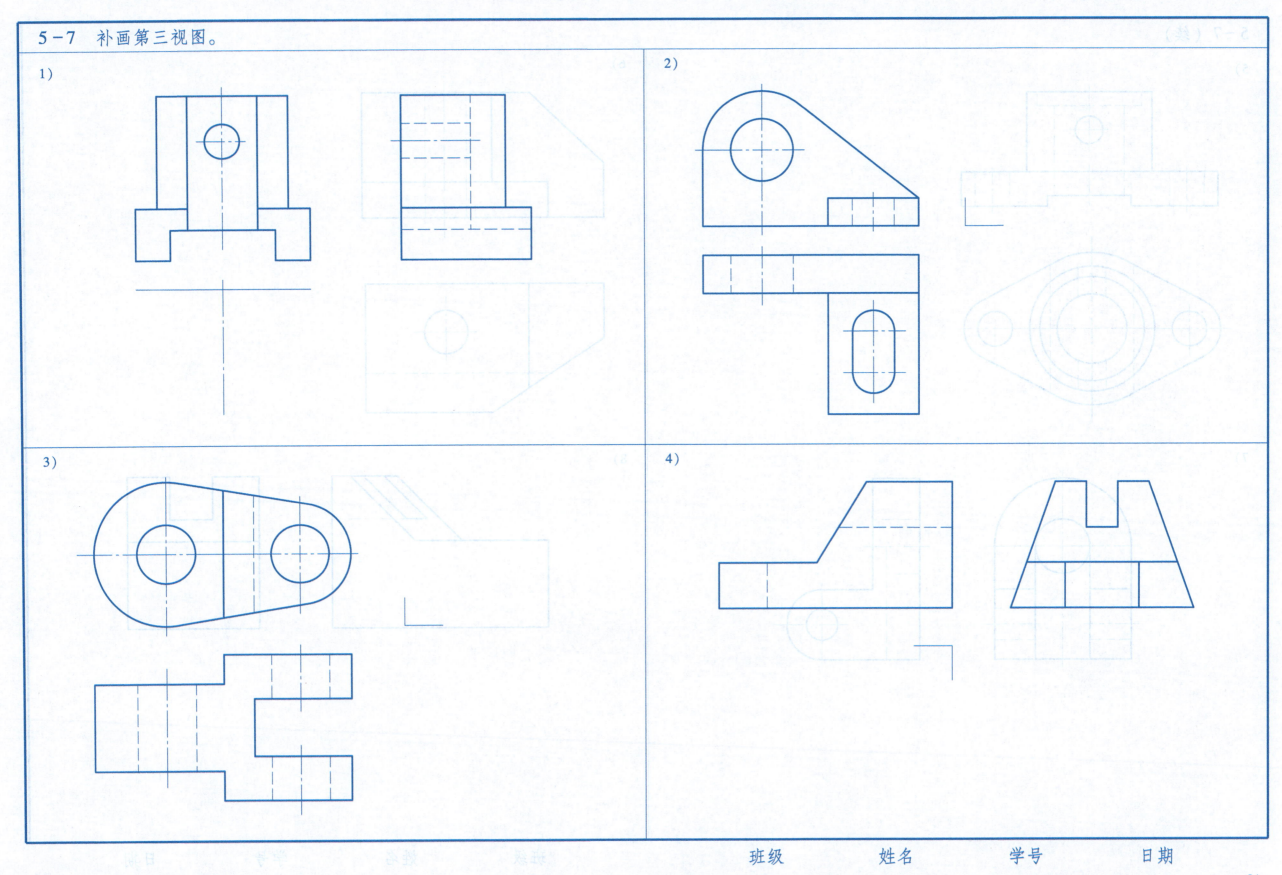

班级　　　姓名　　　学号　　　日期

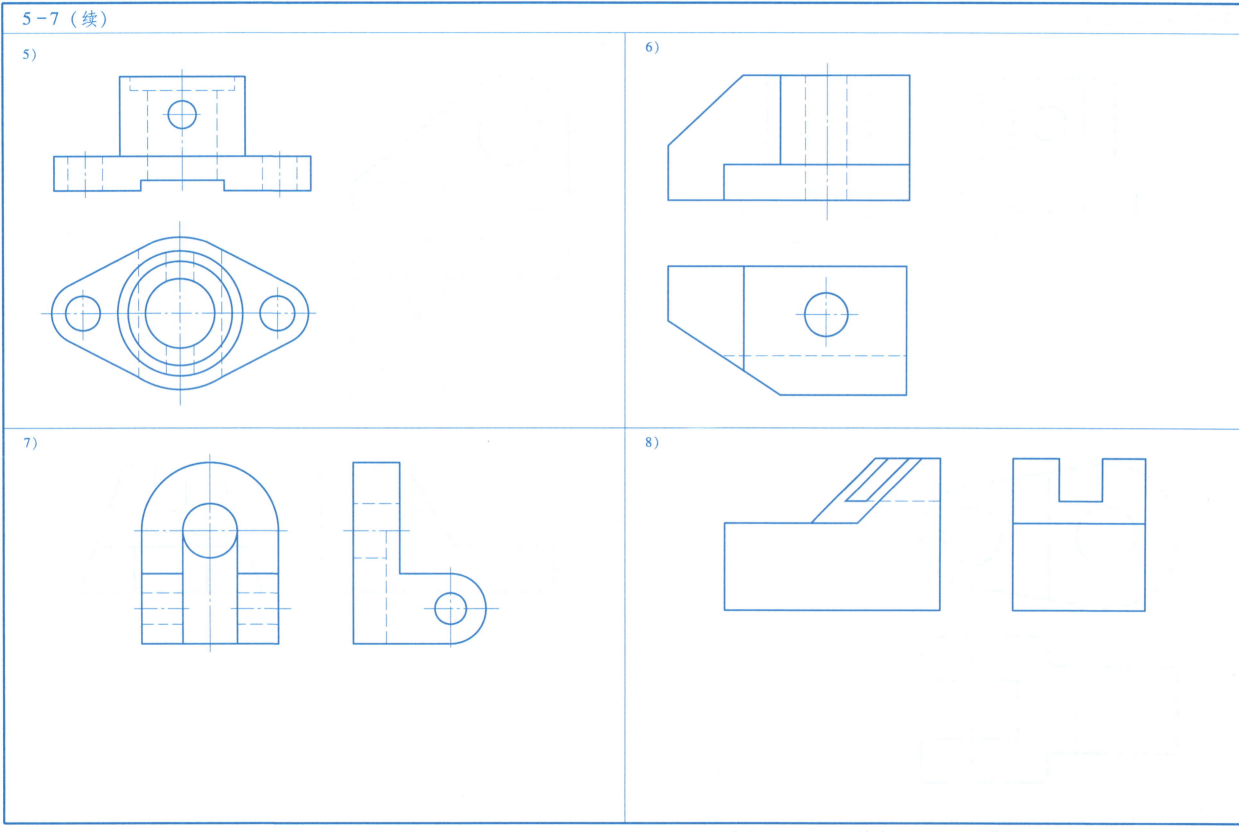

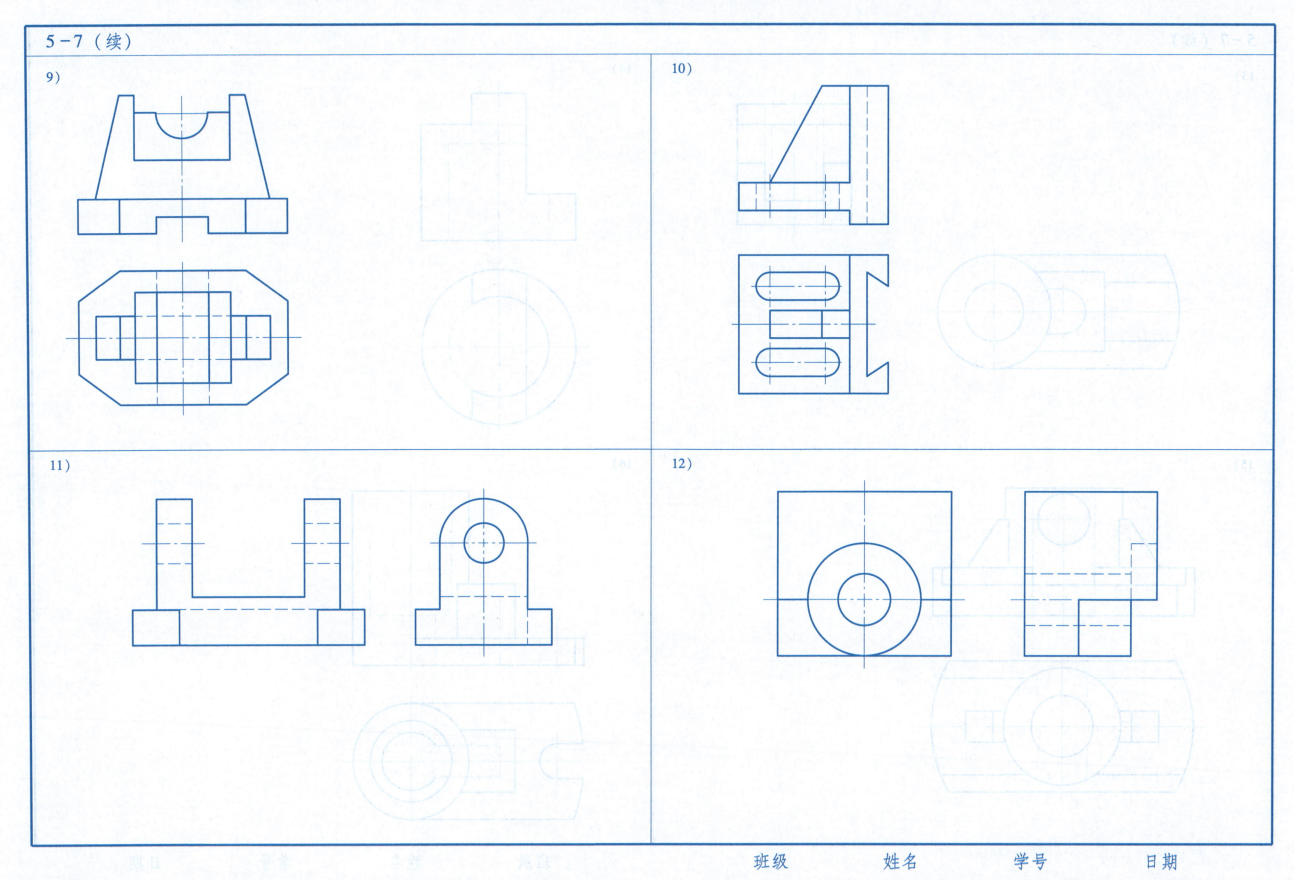

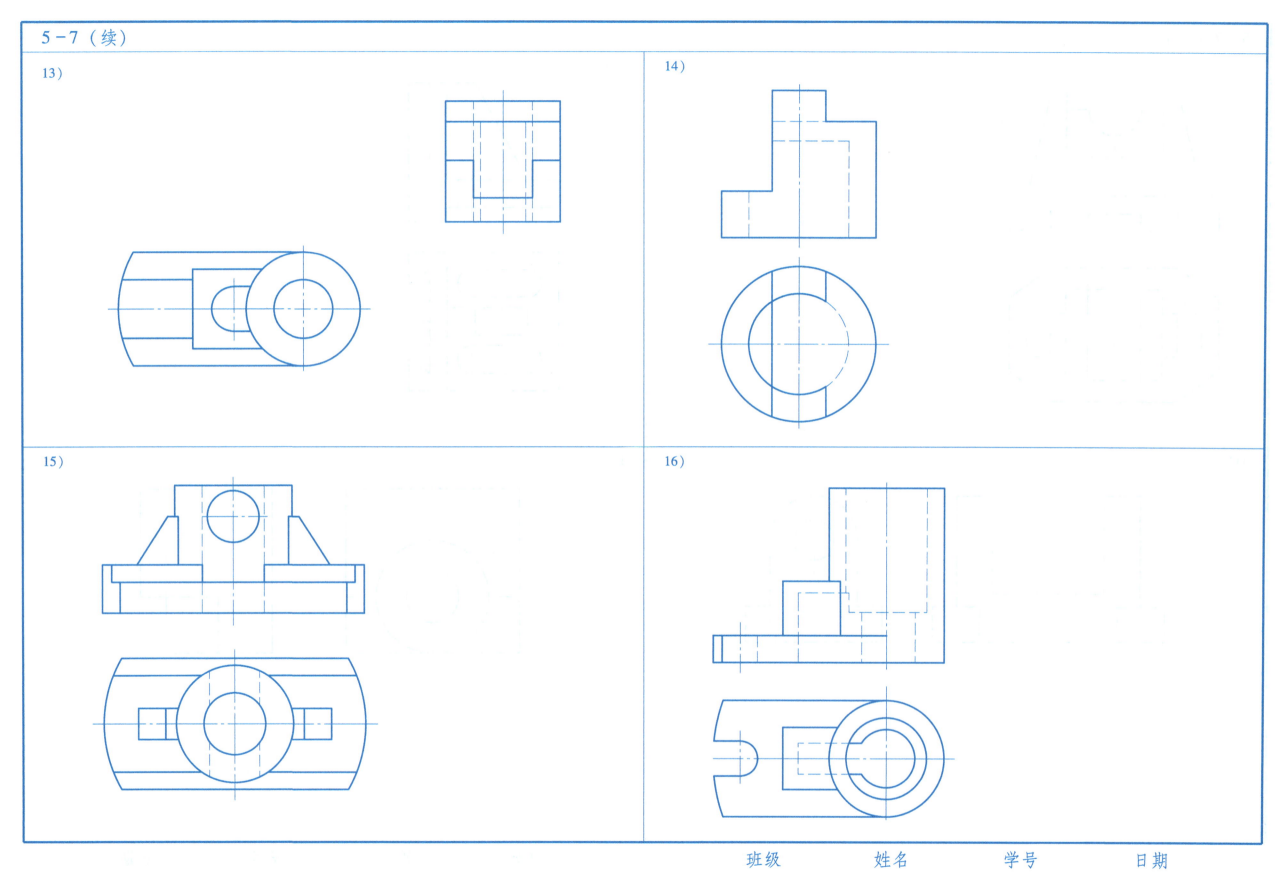

5-8 组合体的尺寸标注

1) 根据轴测图，在视图中标注尺寸。

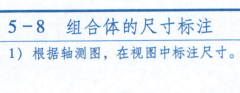
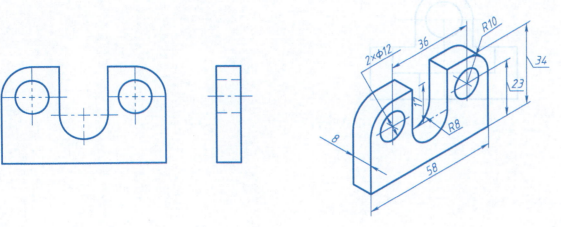

2) 读懂视图后，标注尺寸。

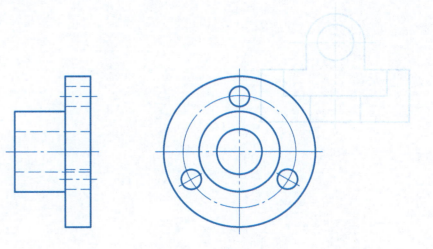

3) 读懂视图后，标注尺寸。

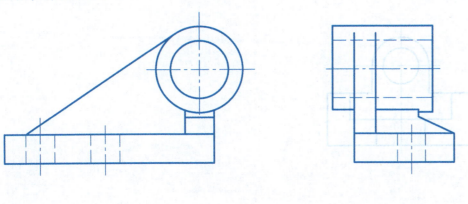
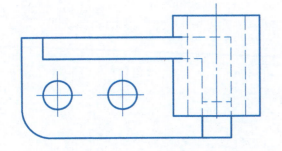

4) 读懂视图后，标注尺寸。

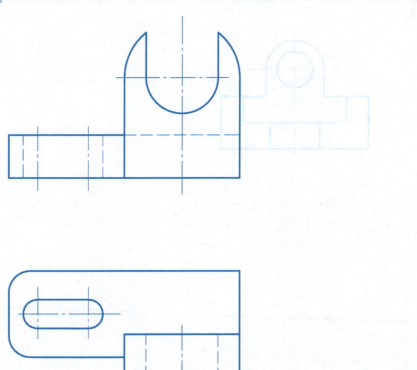

班级　　姓名　　学号　　日期

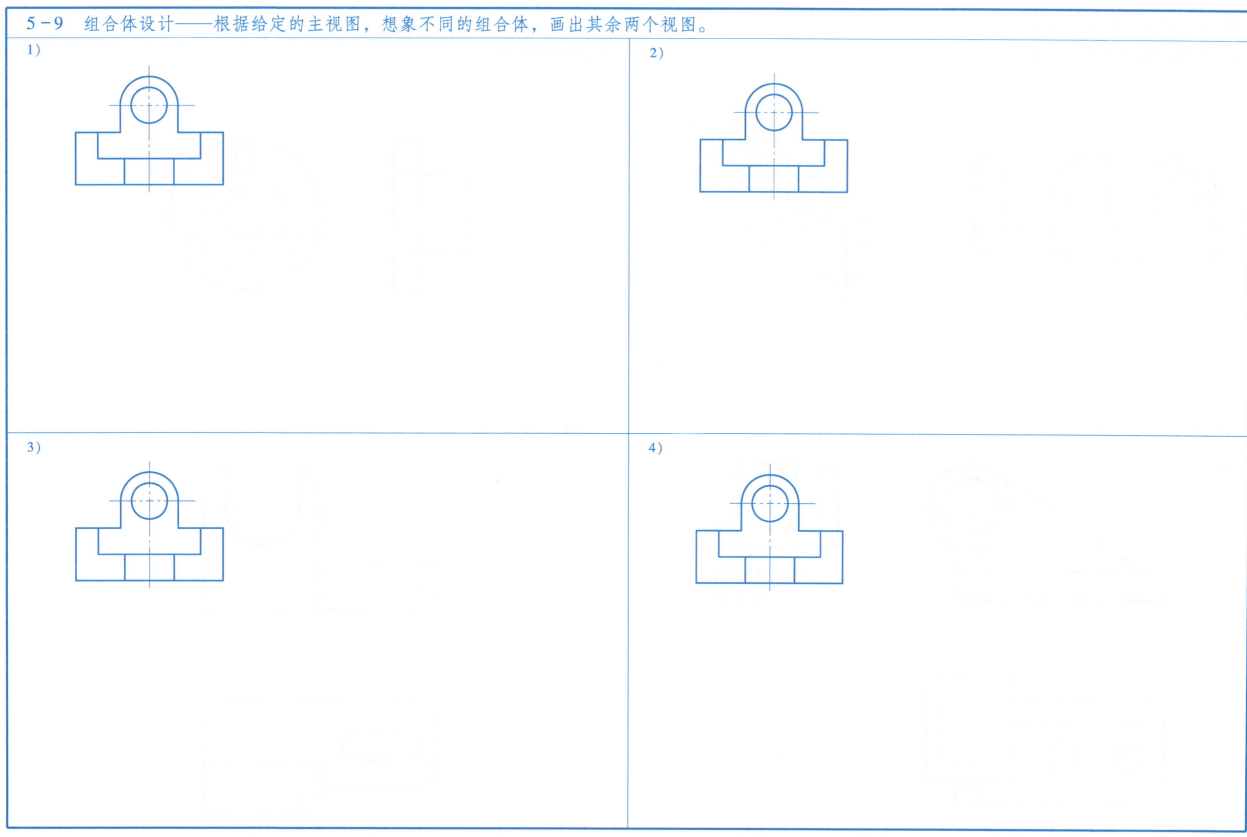

第二次制图大作业

一、目的

1）进一步掌握国家标准中有关图框格式、尺寸标注、比例等的规定。
2）学习运用形体分析法、线面分析法阅读组合体视图，画组合体三视图。
3）学习并掌握组合体的尺寸标注及组合体轴测图的画法。

二、要求

1）作图正确、图线粗细分明、字体端正。
2）标注尺寸要做到正确、完整、清晰。
3）图形布局合理、图面整洁。
4）按轴测图的绘图步骤画轴测图，看不见的线不画。

三、内容

根据给出的主、俯视图，想象立体的形状，选用恰当的比例画三视图及轴测图。轴测图的类型自选（从下图中选做一个），并标注尺寸。

四、图幅、图名、比例

1）图幅：A3（横放）。
2）图名：组合体三视图。
3）比例：自选。

五、画图提示

1）运用形体分析法和线面分析法，根据给出的两个视图，想象立体的形状及相互位置和相邻表面之间的连接关系，最后综合想象立体的形状。
2）根据立体的大小，选用合适的比例。
3）画好图纸的边界线和图框线后，根据立体大小和比例合理布置三个视图的位置，画出各个视图的基准线，注意留出标注尺寸的位置。
4）先用细实线画出底图，检查没有错误后，把不用的线擦掉，再加深。

1）在 A3 图纸上画出下图所示立体的三视图，并标注尺寸（尺寸数值从图上直接按 1∶1 的比例量取），同时画出轴测图，轴测图类型根据形状自选。

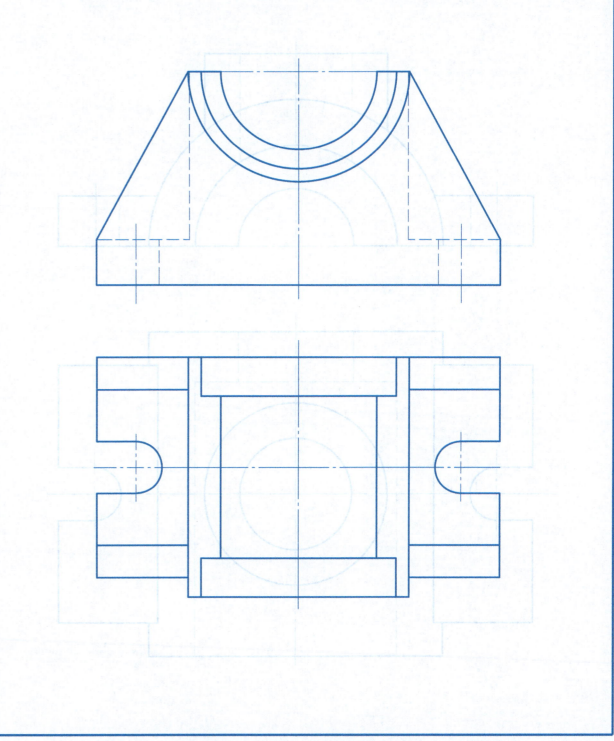

班级　　　姓名　　　学号　　　日期

5-10（续）

2）在 A3 图纸上画出下图所示立体的三视图，并标注尺寸（尺寸数值从图上直接按 1∶1 的比例量取），同时画出轴测图，轴测图类型根据形状自选。

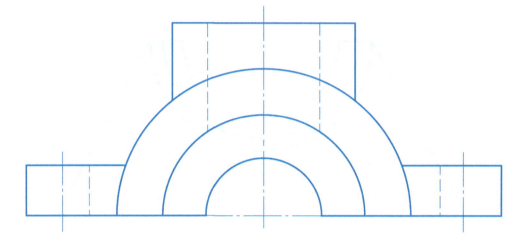

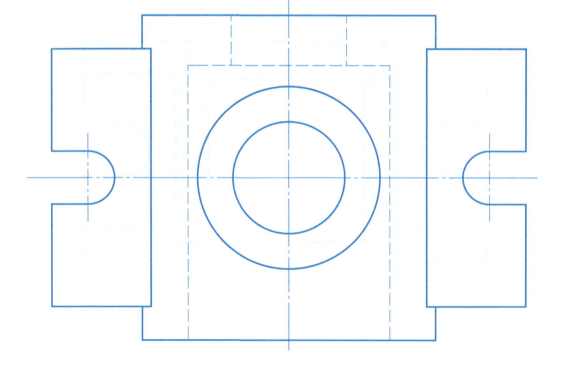

3）在 A3 图纸上画出下图所示立体的三视图，并标注尺寸（尺寸数值从图上直接按 1∶1 的比例量取），同时画出轴测图，轴测图类型根据形状自选。

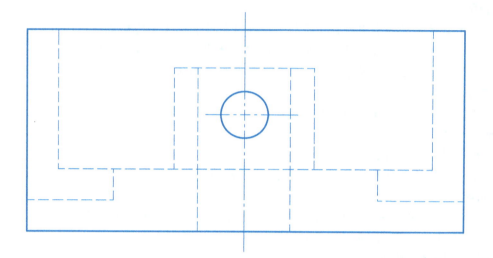

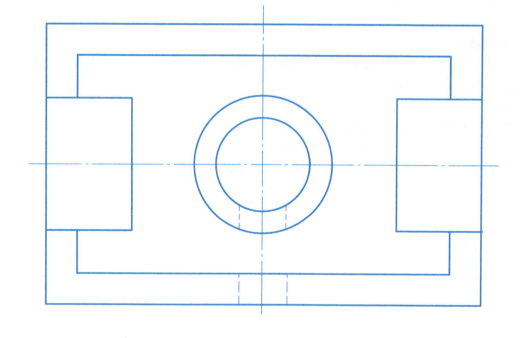

班级　　　姓名　　　学号　　　日期

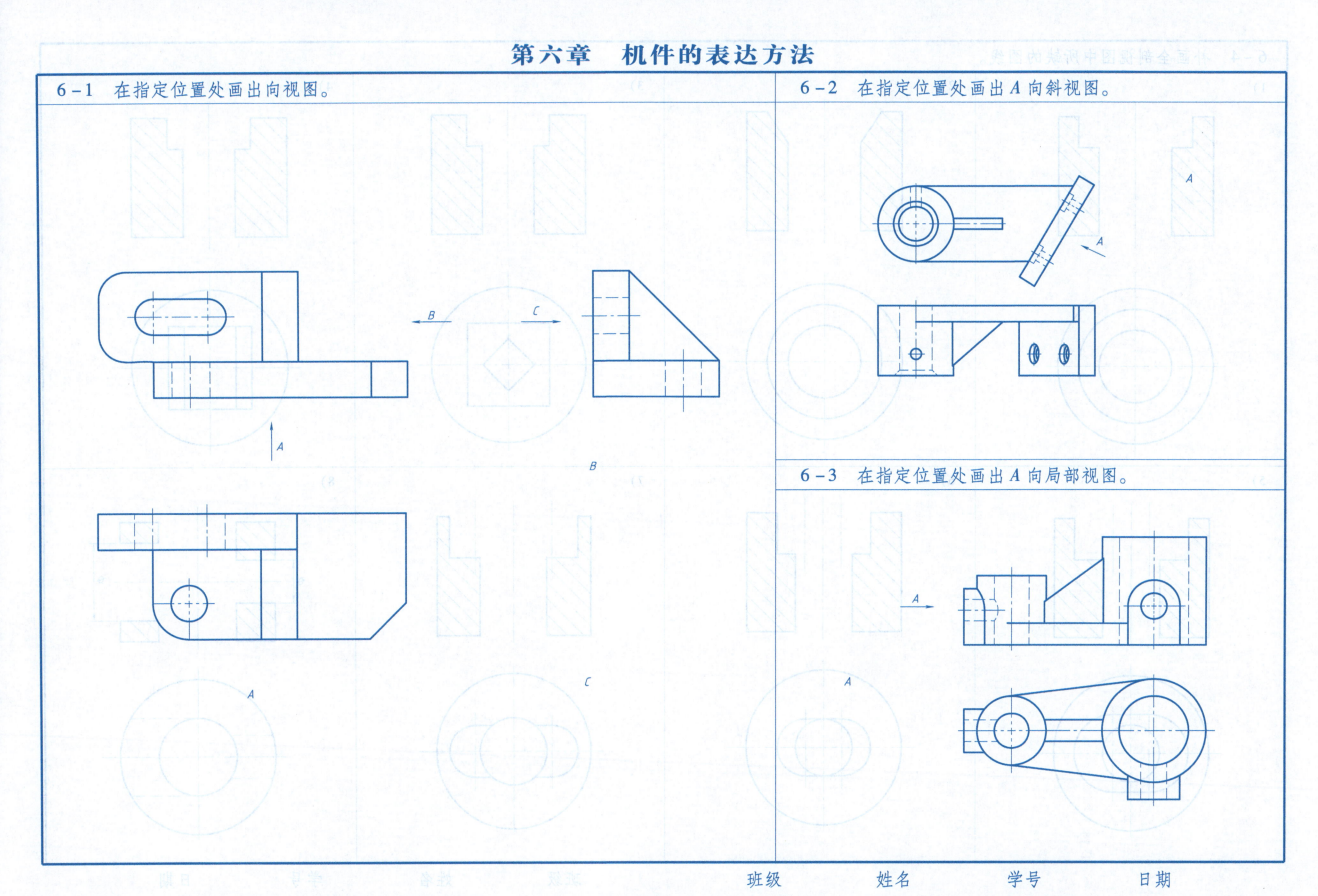

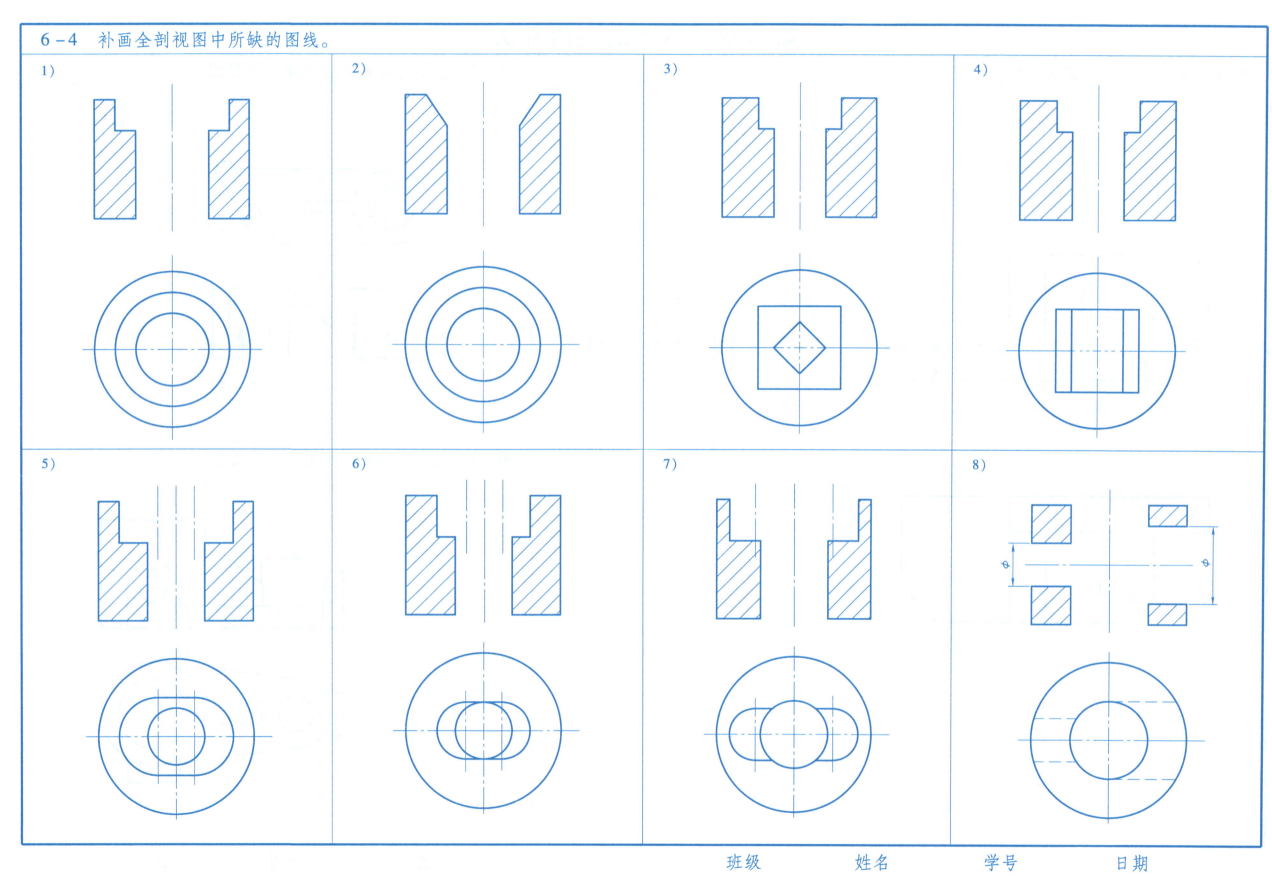

6-5 根据立体图，将主视图画成全剖视图。

1)

2)

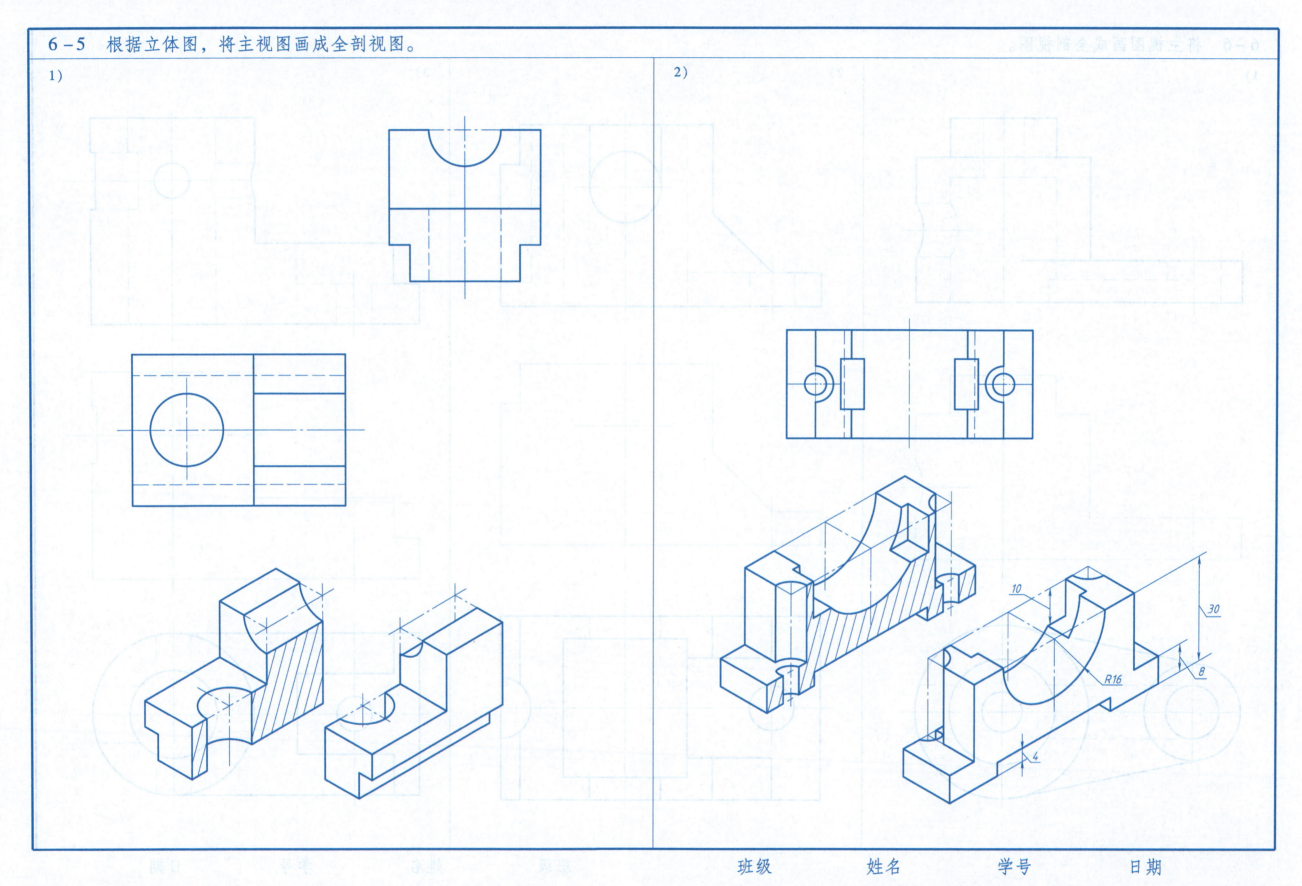

班级　　　姓名　　　学号　　　日期

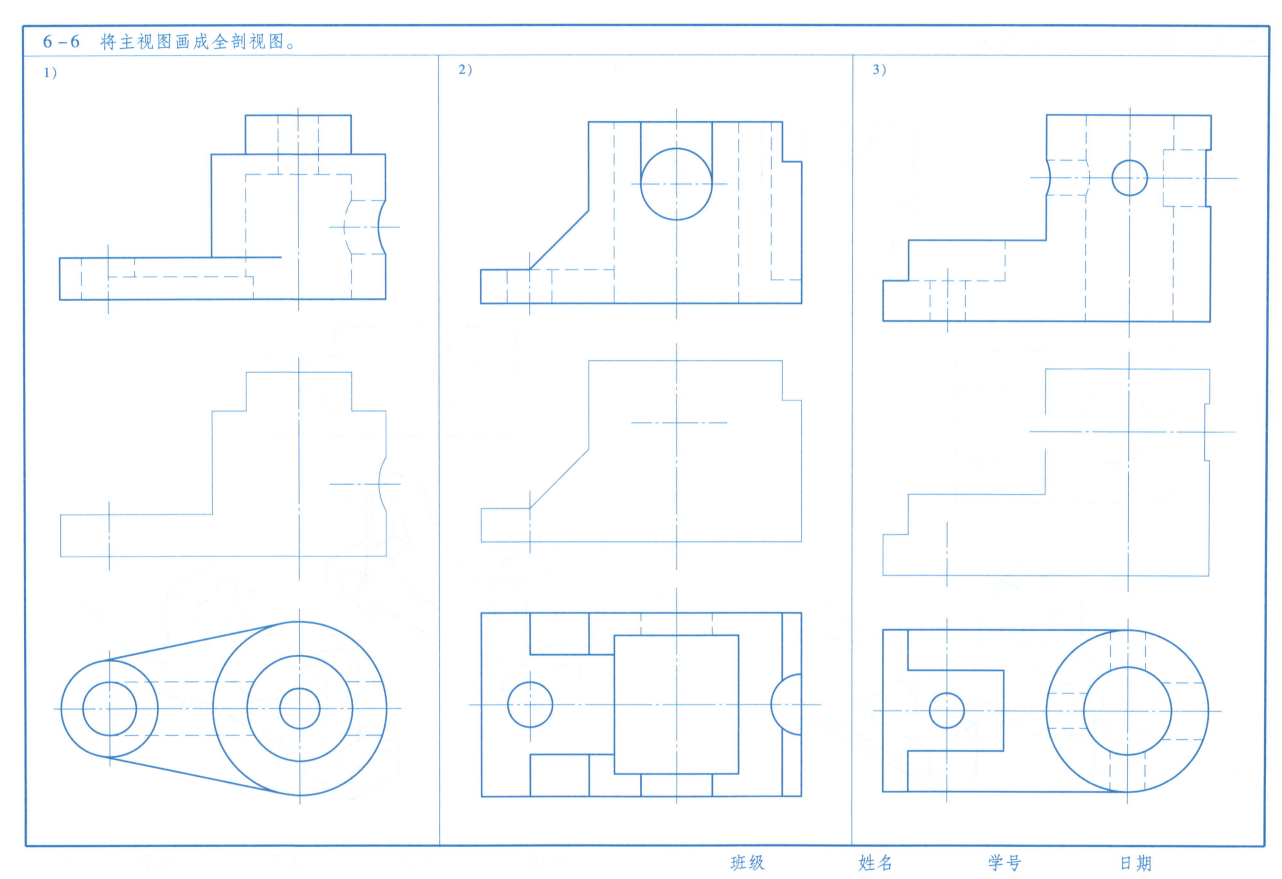

6-6 将主视图画成全剖视图。

6-7 在指定位置处，画出所求得 A—A、B—B 全剖视图。

1) 2)

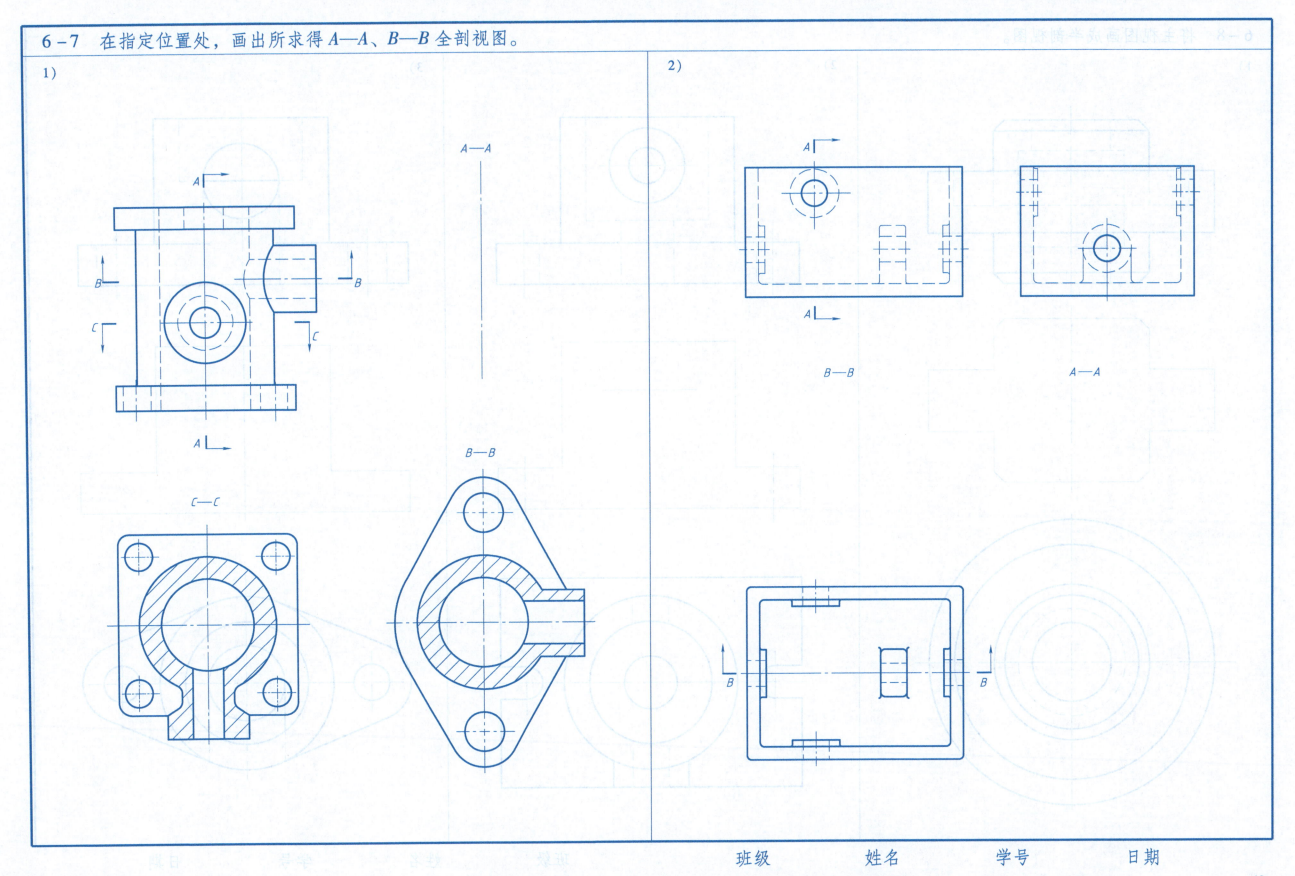

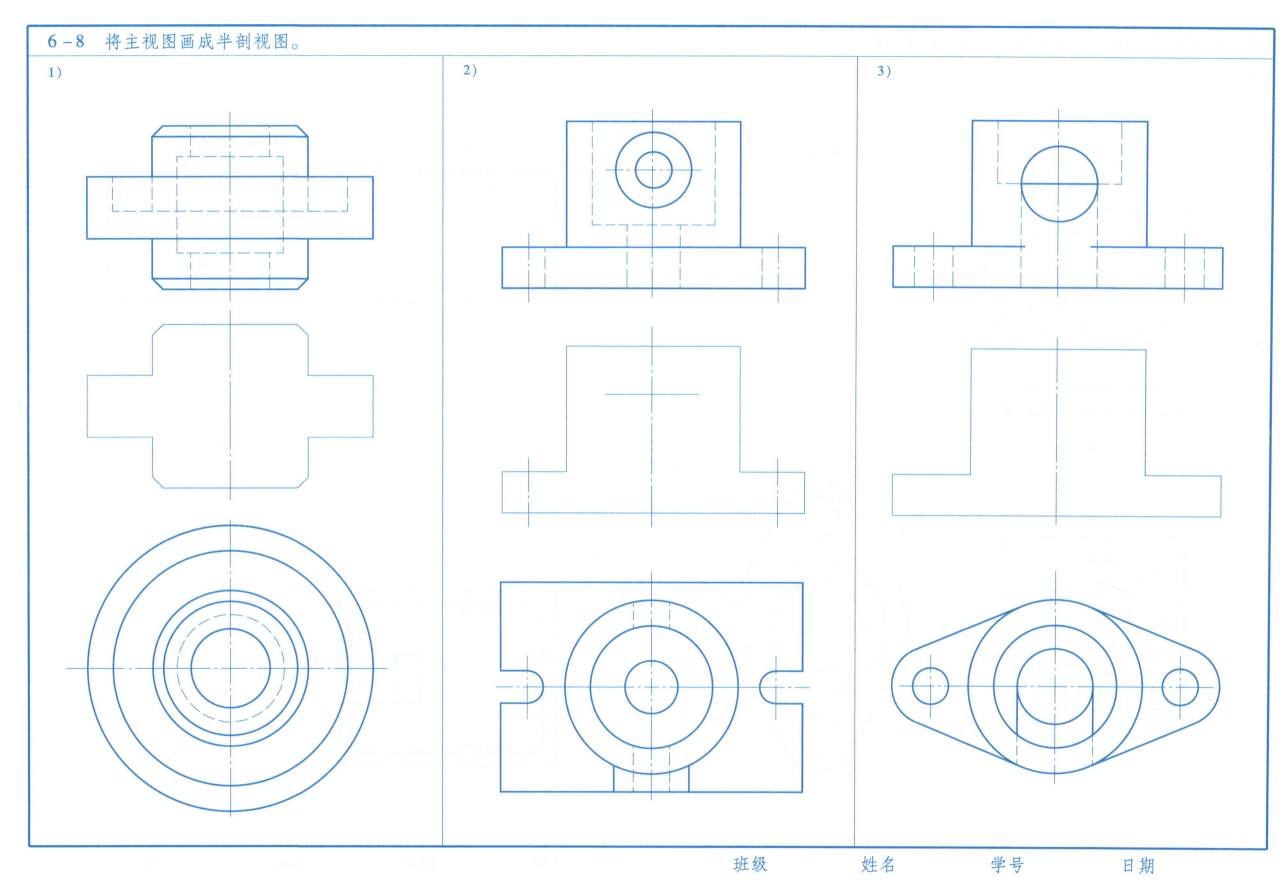

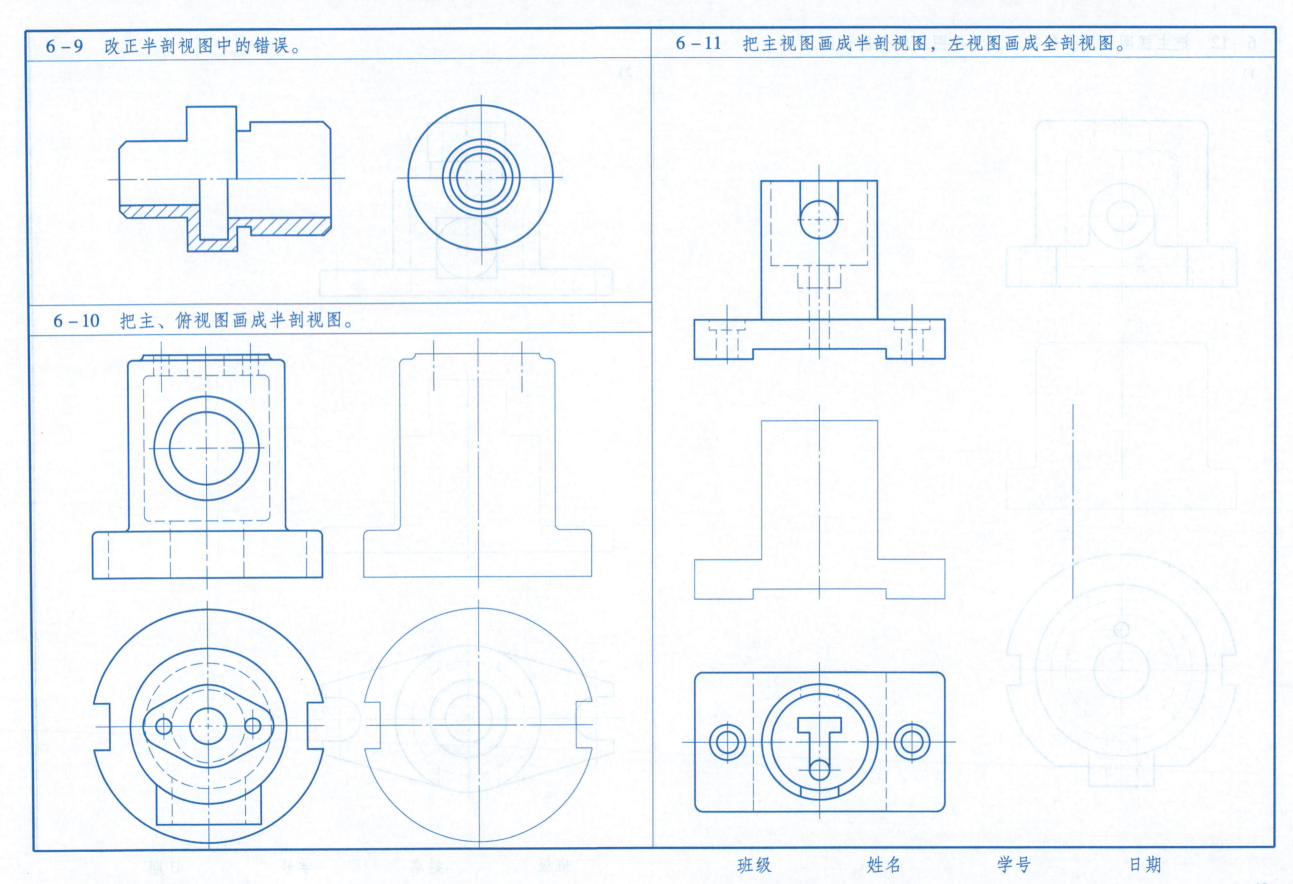

6−12 把主视图画成半剖视图,左视图画成全剖视图。

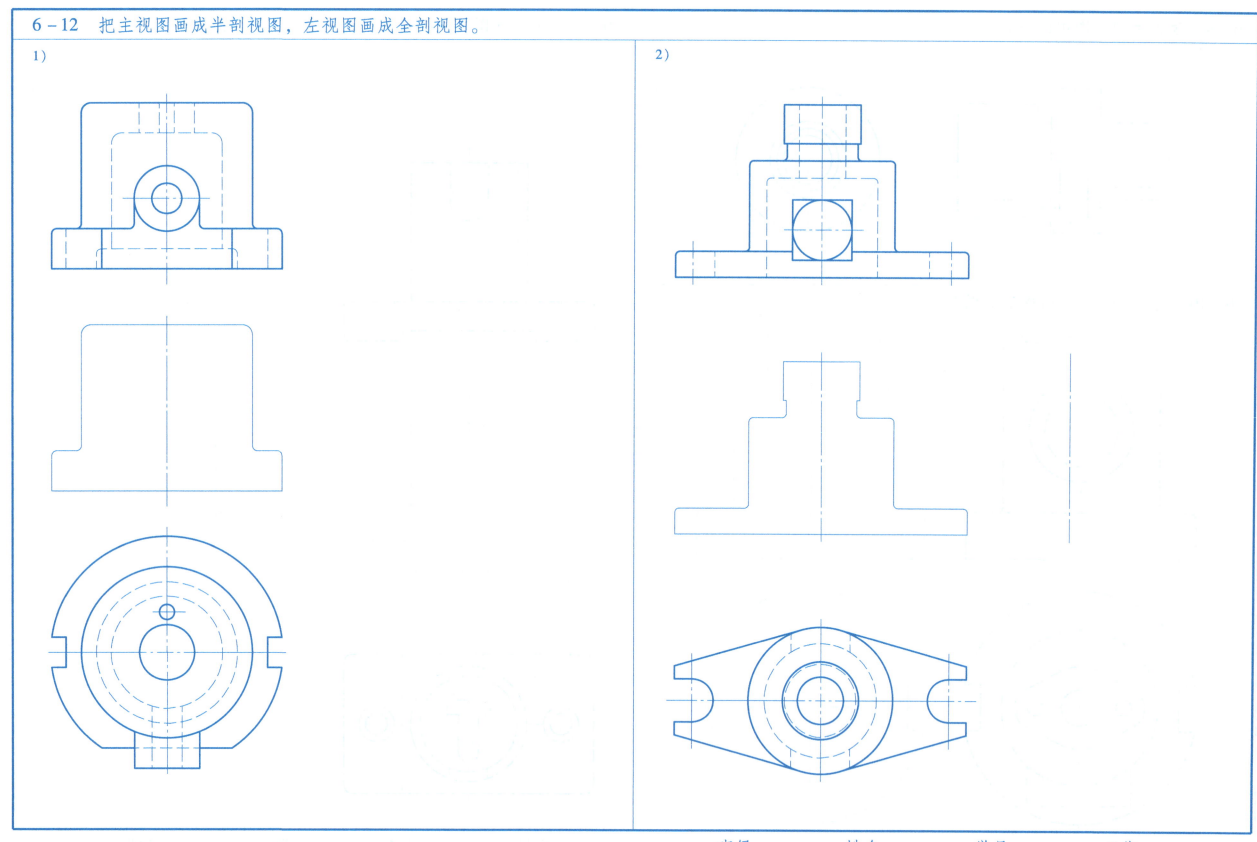

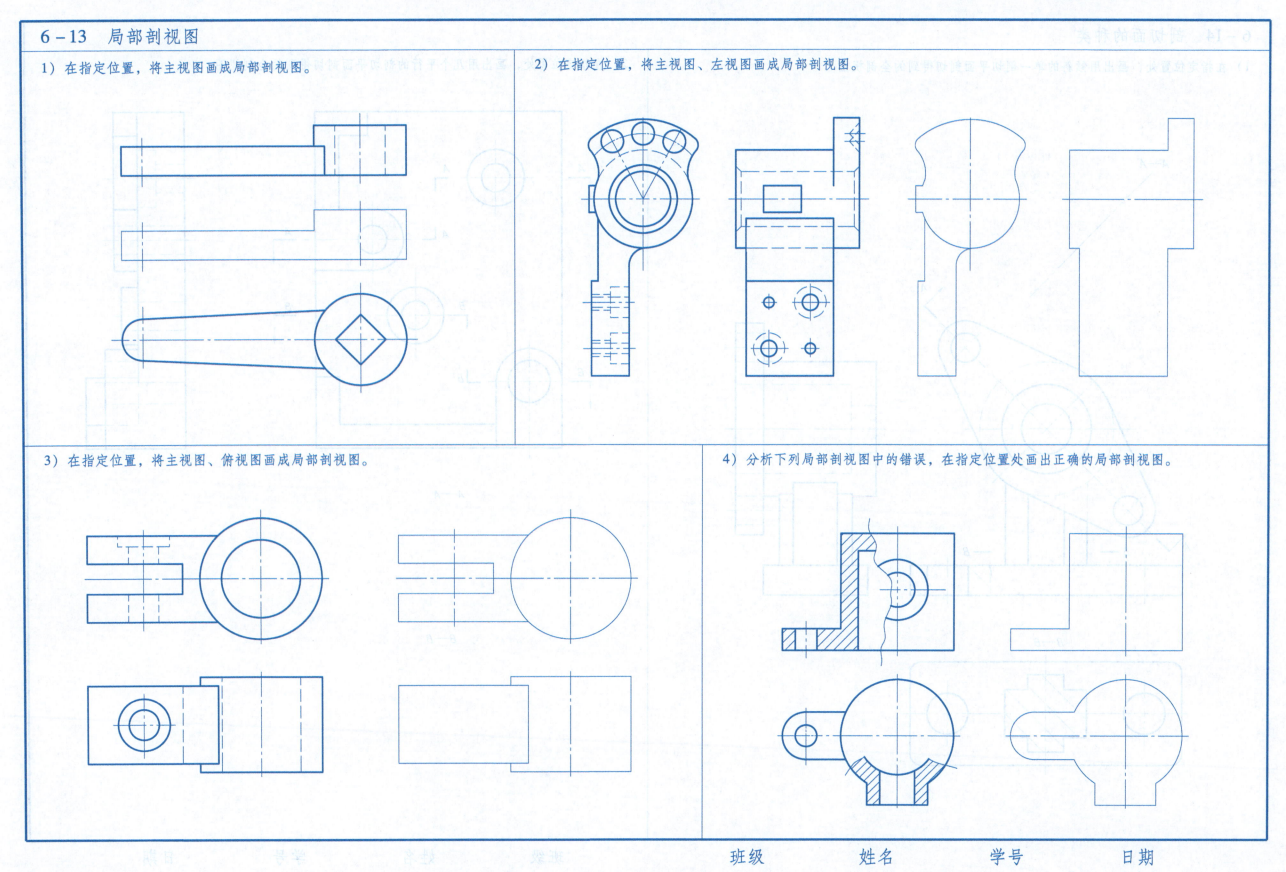

6－14 剖切面的种类

1）在指定位置处，画出用倾斜的单一剖切平面剖切得到的全剖视图。

2）在指定位置处，画出用几个平行的剖切平面剖切得到的全剖视图。

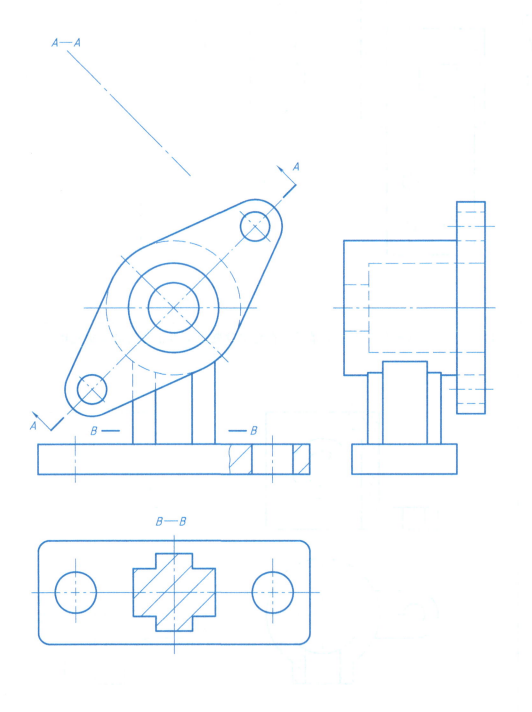

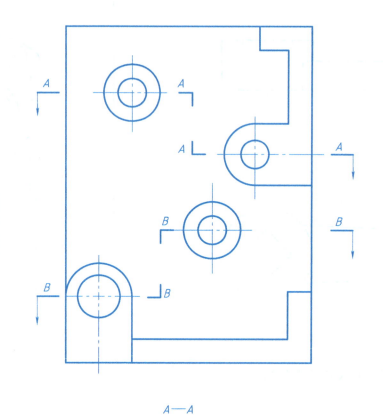

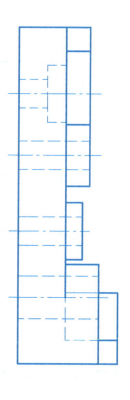

A—A

B—B

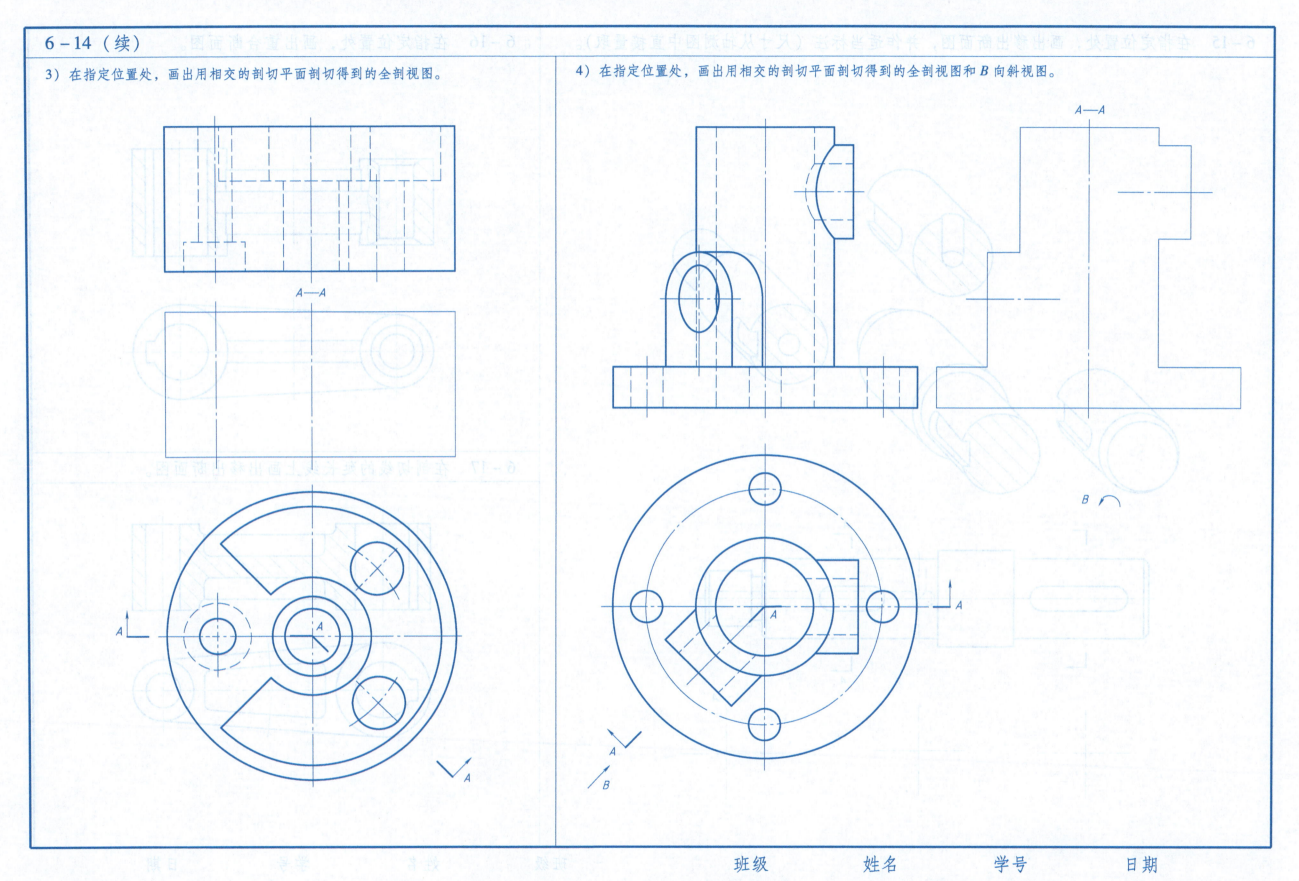

6-15 在指定位置处，画出移出断面图，并作适当标注（尺寸从轴测图中直接量取）。

6-16 在指定位置处，画出重合断面图。

6-17 在剖切线的延长线上画出移出断面图。

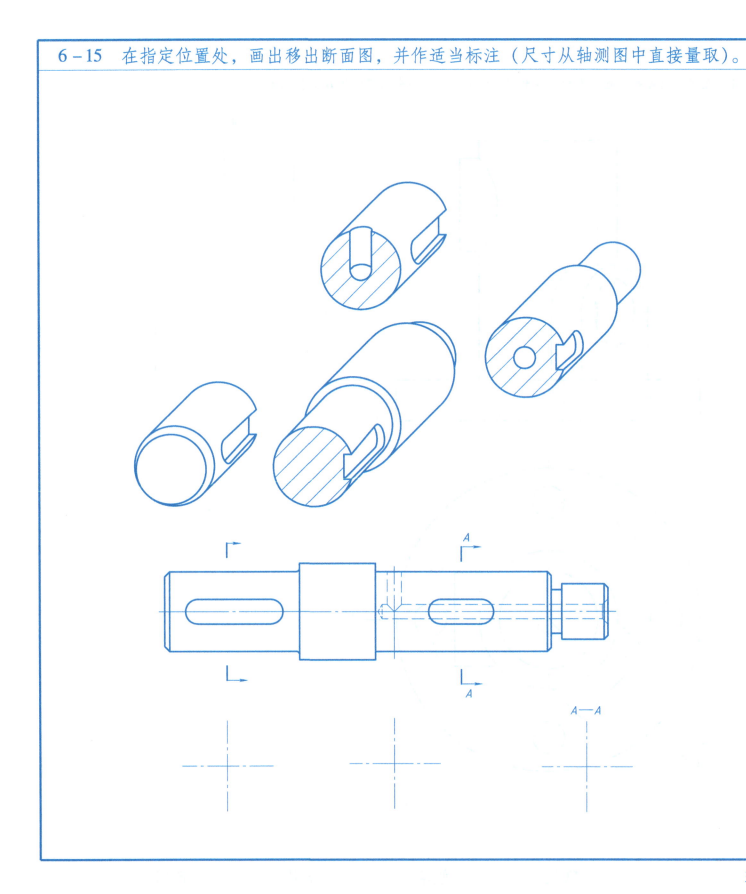
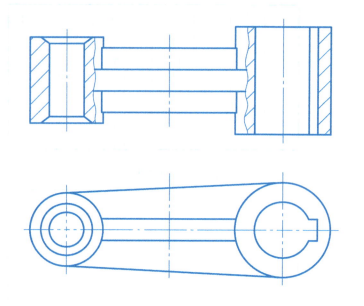
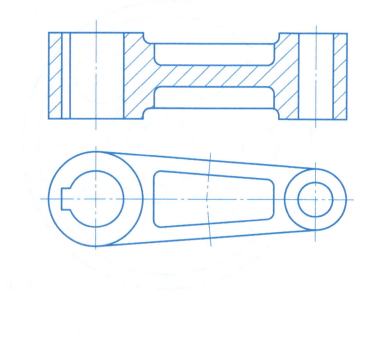

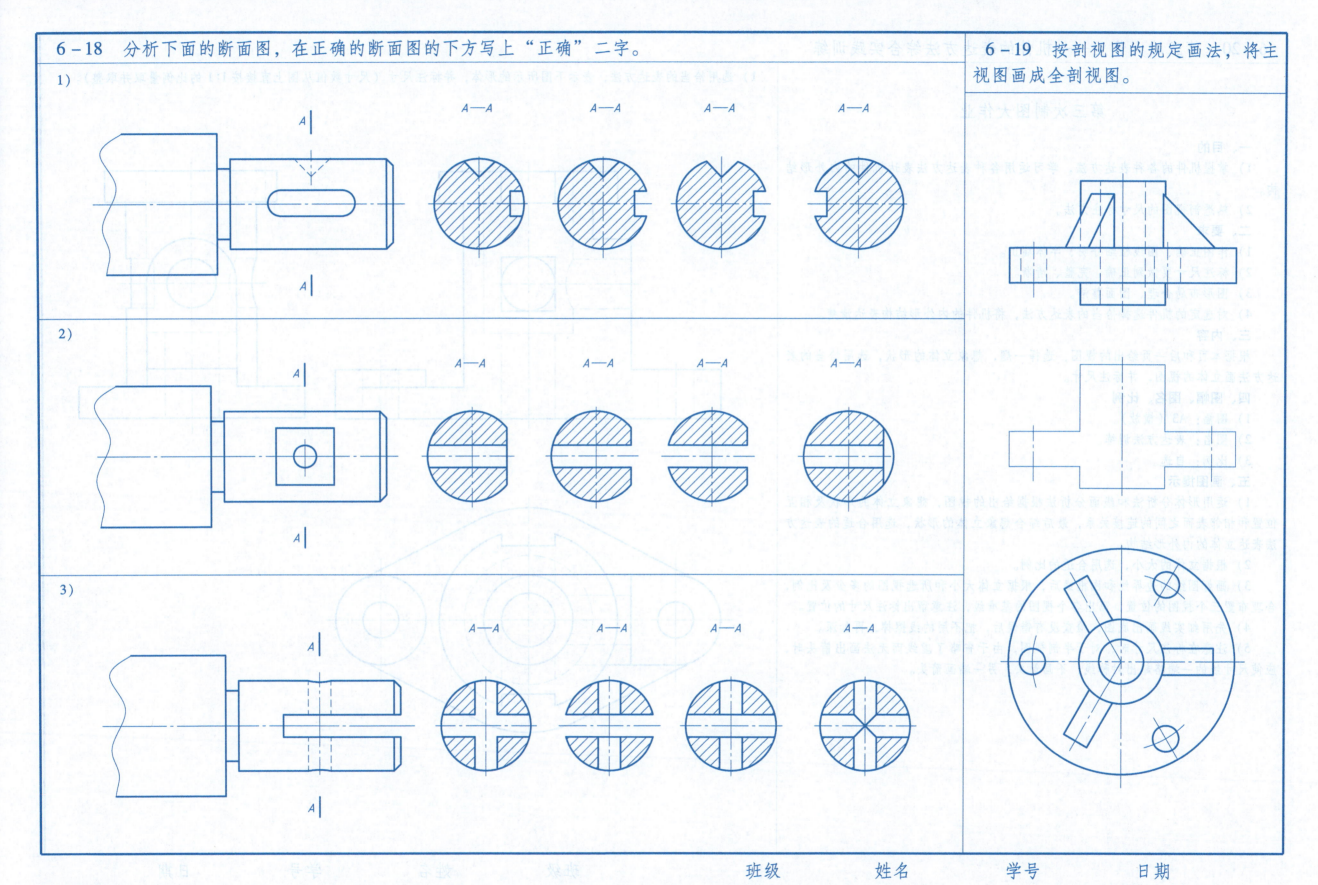

第三次制图大作业

一、目的

1) 掌握机件的各种表达方法,学习运用各种表达方法表达机件的内外形结构。

2) 熟悉剖视图的尺寸标注方法。

二、要求

1) 作图正确、图线粗细分明、字体端正。

2) 标注尺寸要做到正确、完整、清晰。

3) 图形布局合理、图面整洁。

4) 对选定的机件选择恰当的表达方法,将机件的内外形结构表达清楚。

三、内容

根据本页和后一页给出的视图,选择一题,想象立体的形状,选用恰当的表达方法画立体的视图,并标注尺寸。

四、图幅、图名、比例

1) 图幅:A3(横放)。

2) 图名:表达方法训练。

3) 比例:自选。

五、画图提示

1) 运用形体分析法和线面分析法根据给出的视图,想象立体的形状及相互位置和相邻表面之间的连接关系,最后综合想象立体的形状,选用合适的表达方法表达立体的内外形结构。

2) 根据立体的大小,选用合适的比例。

3) 画好图纸的边界线和图框线后,根据立体大小和所选视图的多少及比例,合理布置三个视图的位置,画出各个视图的基准线,注意留出标注尺寸的位置。

4) 先用细实线画出底图,检查没有错误后,把不用的线擦掉,再加深。

5) 注意在标注尺寸时,对于半剖视图,由于省略了虚线而无法画出箭头时,应使尺寸线的一端略超出对称线,不画箭头,另一端画箭头。

1) 选用恰当的表达方法,表示下图所示的形体,并标注尺寸(尺寸数值从图上直接按1:1的比例量取并取整)。

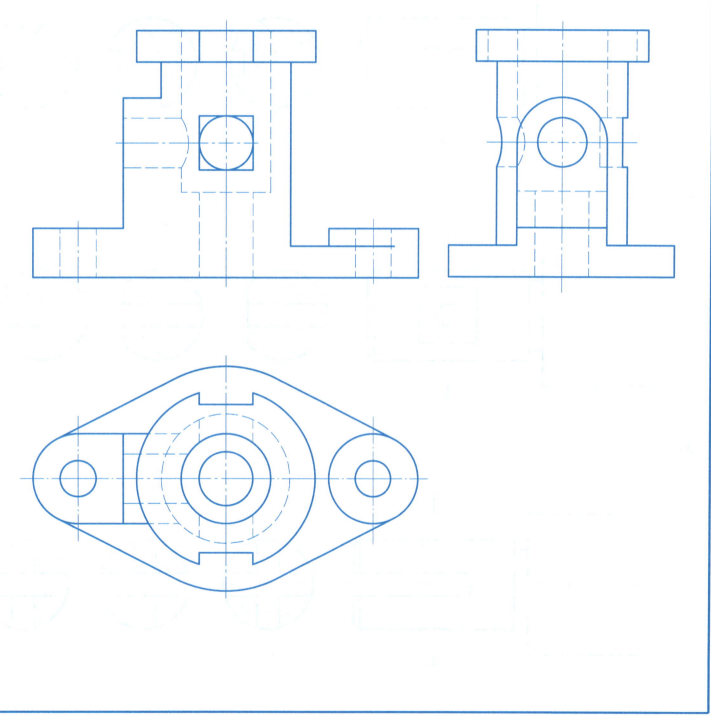

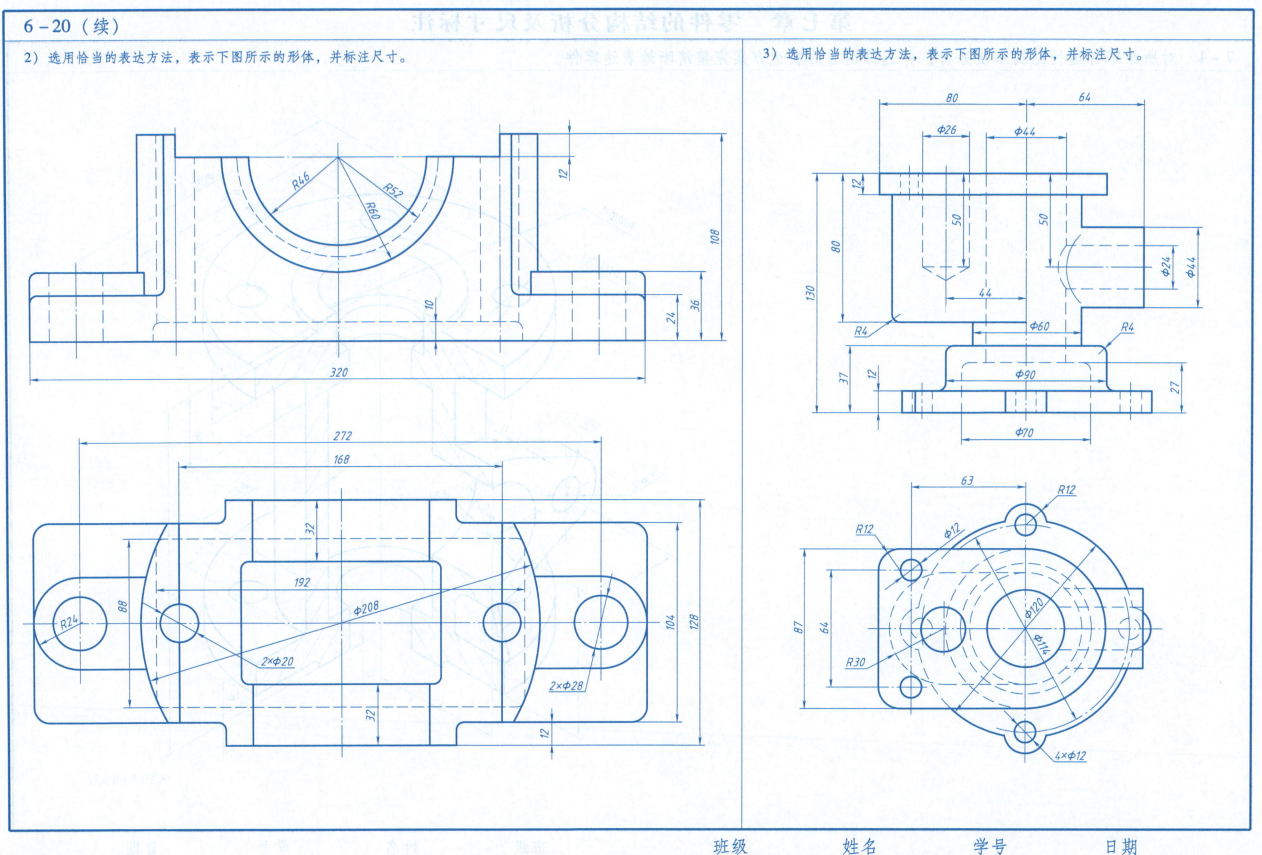

第七章 零件的结构分析及尺寸标注

7-1 对所给零件进行结构形状分析，并选择适当的表达方案完整清晰地表达零件。

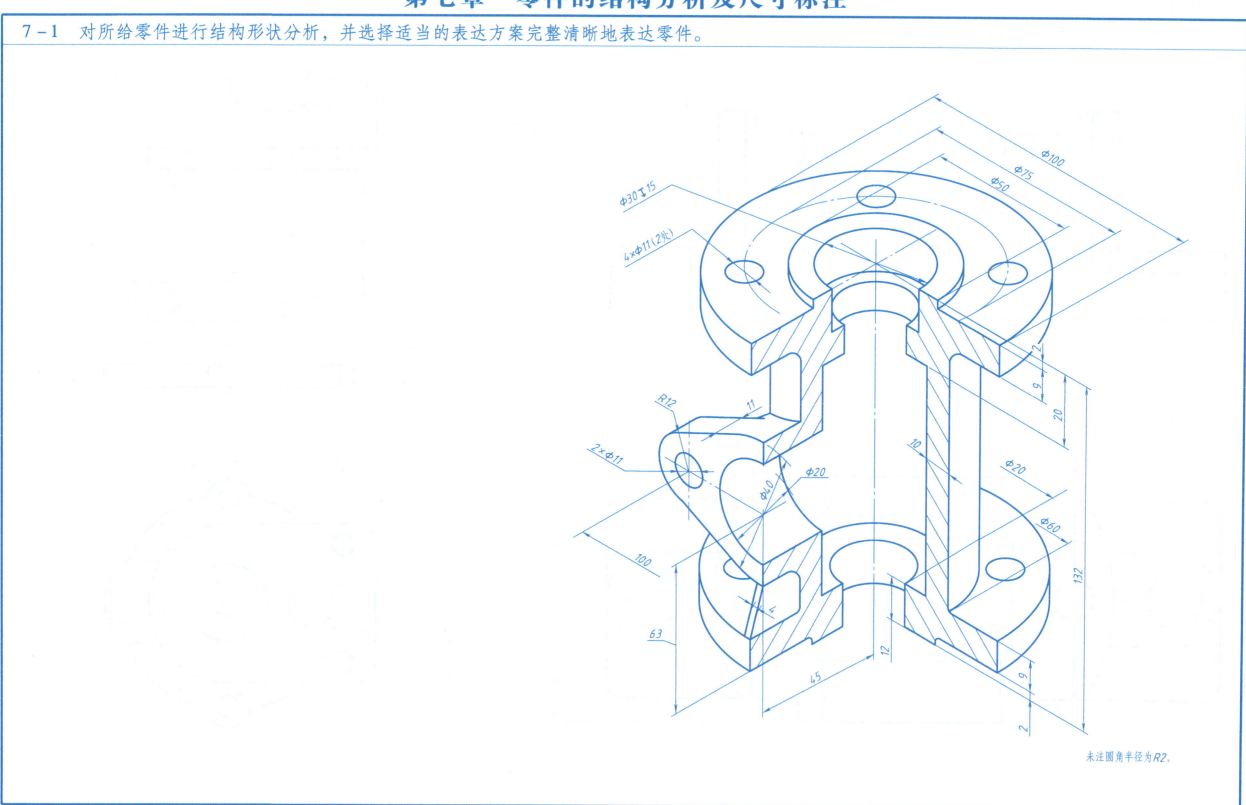

未注圆角半径为R2。

班级　　姓名　　学号　　日期

7-2 根据所给零件的立体图和视图，对零件进行结构形状分析，并选择适当的表达方案将零件表达清楚。

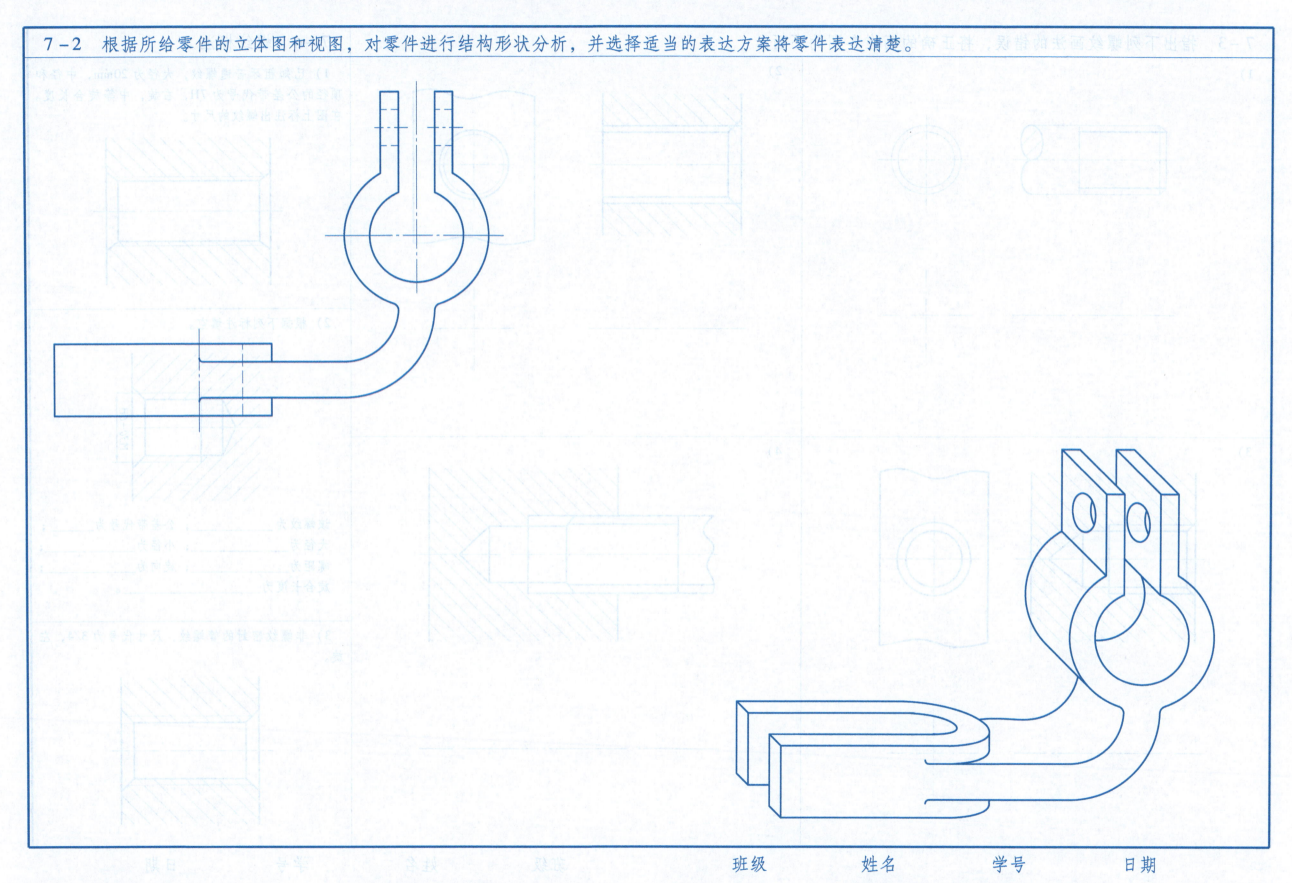

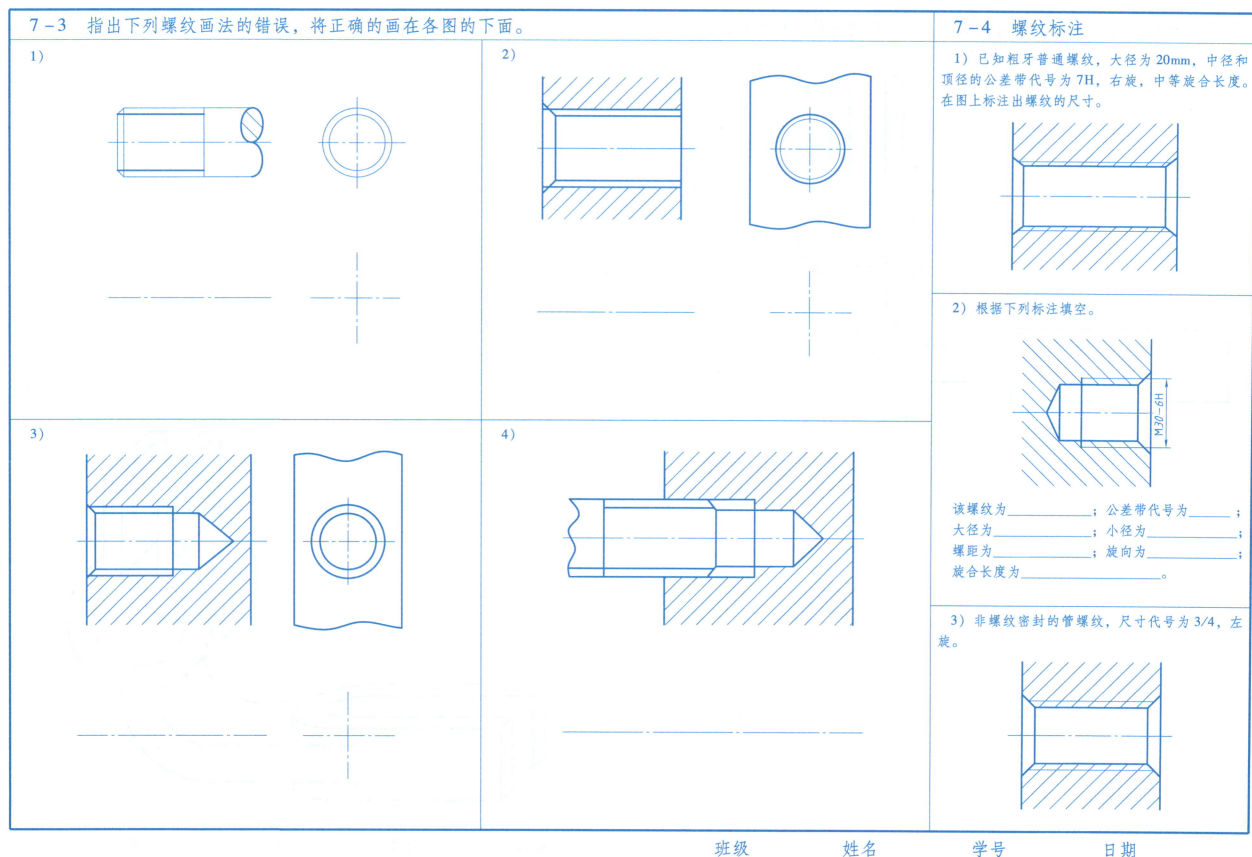

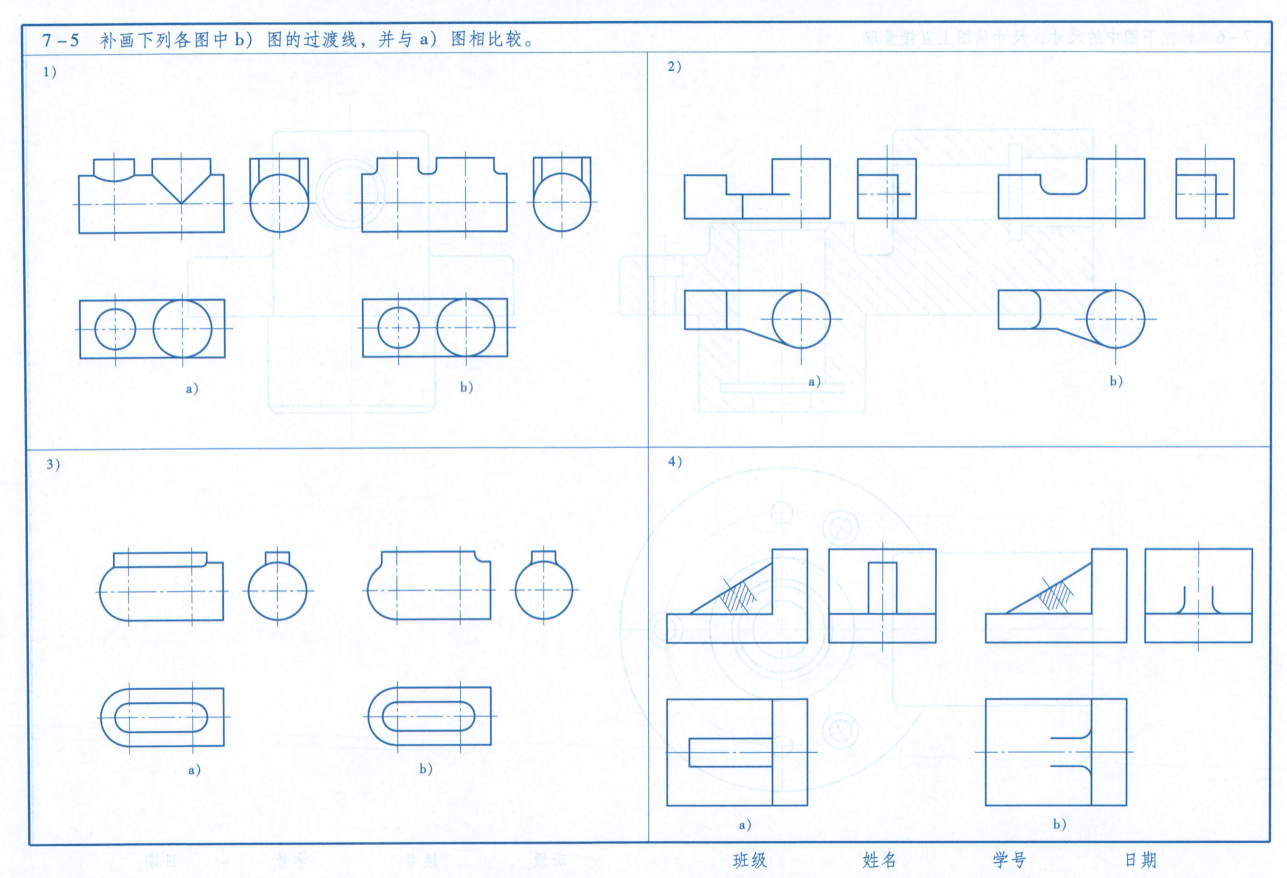

7-6 标注下图中的尺寸，尺寸从图上直接量取。

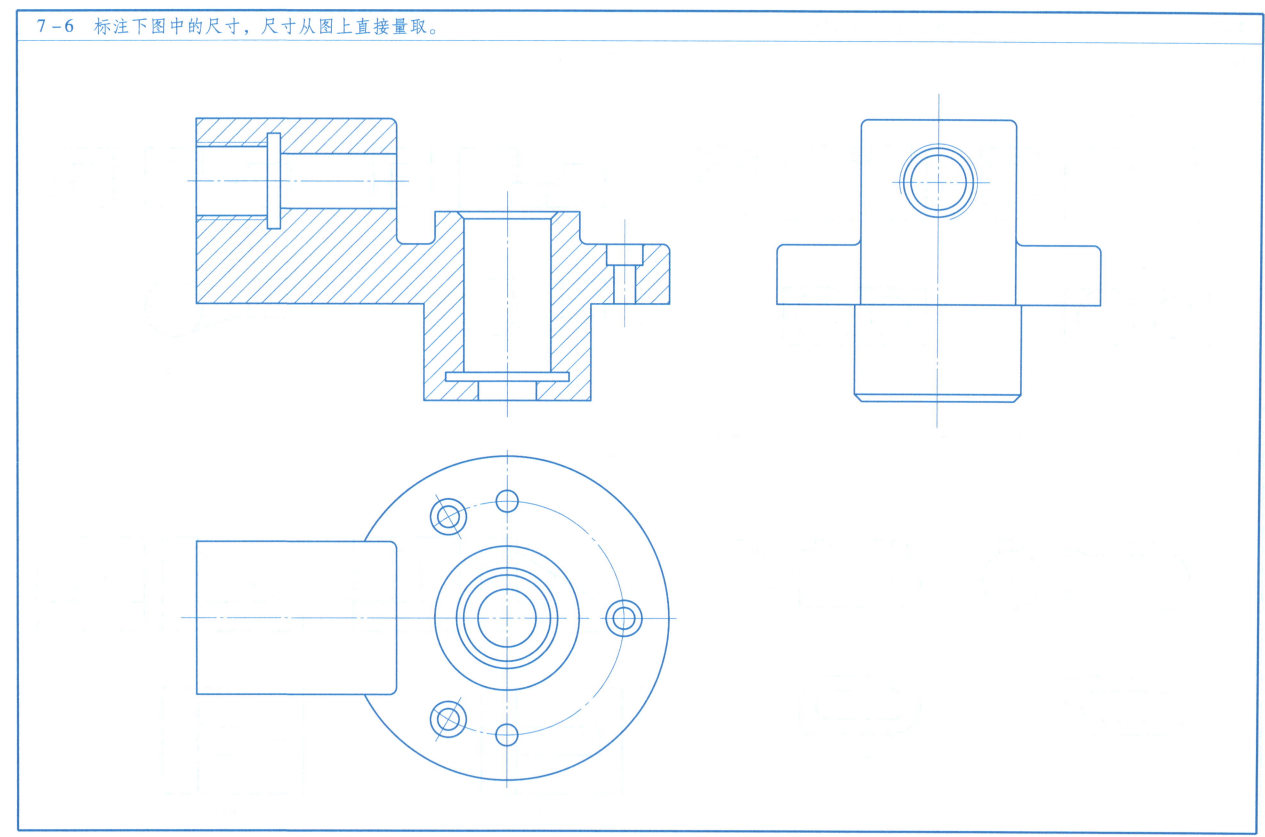

第八章 零件图上的技术要求

8-1 极限与偏差

1) 已知轴的公称尺寸为60mm，上极限尺寸为60.015mm，下极限尺寸为59.985mm，计算轴的上、下极限偏差及公差，并画出轴的公差带图。

2) 试用基本偏差数值表、标准公差数值表确定下列孔、轴公差带代号及其配合代号，并画出孔和轴的视图。将孔和轴的公差带代号及配合代号标在图上（只选一个尺寸画）。

① 孔为 $\phi 30^{+0.021}_{0}$，轴为 $\phi 30^{+0.041}_{+0.028}$。

② 孔为 $\phi 40^{+0.034}_{+0.009}$，轴为 $\phi 40^{0}_{-0.016}$。

③ 孔为 $\phi 90^{+0.035}_{0}$，轴为 $\phi 90^{+0.113}_{+0.091}$。

3) 按孔的尺寸 $\phi 30^{-0.020}_{-0.041}$ 加工200个零件，试确定这批孔的上、下极限尺寸及尺寸公差。若完工后测得某一孔的实际尺寸为 $\phi 29.990$mm，另一孔的实际尺寸为 $\phi 29.960$mm，判断以上两孔是否合格。

4) 计算下列孔与轴配合的极限间隙或极限过盈、平均间隙或平均过盈以及配合公差，画出其公差带图，并指明是哪一类配合。

① 孔为 $\phi 30^{+0.021}_{0}$，轴为 $\phi 30^{+0.041}_{+0.028}$。

② 孔为 $\phi 40^{+0.034}_{+0.009}$，轴为 $\phi 40^{0}_{-0.016}$。

③ 孔为 $\phi 90^{+0.035}_{0}$，轴为 $\phi 90^{+0.113}_{+0.091}$。

班级　　　姓名　　　学号　　　日期

8-1（续）

5）根据图上的配合代号，分别在零件图上注出公称尺寸和极限偏差数值，并填写下表。

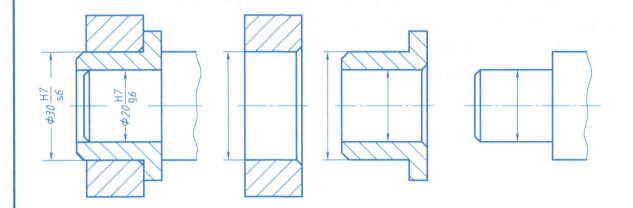

配合代号	公称尺寸	配合制度	公差等级		孔的极限偏差数值/mm		轴的极限偏差数值/mm		配合种类
			孔	轴	上	下	上	下	
φ30H7/s6									
φ20H7/g6									

6）在零件图上注出公称尺寸和极限偏差数值，并填空。

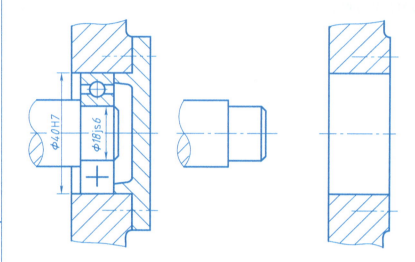

滚动轴承与座孔的配合制是（　），座孔的基本偏差代号为（　），公差等级为（　）。滚动轴承与轴的配合制是（　），轴的基本偏差代号为（　），公差等级为（　）。

7）已知相配合的孔、轴的公称尺寸为φ50mm，公差等级分别为IT7、IT6，采用基孔制配合，轴的基本偏差代号为k，在下图中分别填写公差带代号或配合代号，并填写下表。

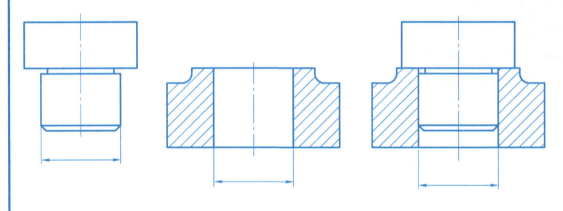

8）若孔、轴相配合，公称尺寸为φ80mm，经计算确定间隙在0.005mm至0.110mm之间，试确定配合制的类型、孔轴公差带代号、配合代号，并填在图中。

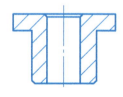

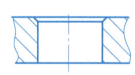

配合代号	孔的极限尺寸/mm		轴的极限尺寸/mm		配合种类
	上极限尺寸	下极限尺寸	上极限尺寸	下极限尺寸	

班级　　　姓名　　　学号　　　日期

8-2 几何公差

1) 将文字说明的几何公差标注在图上。

① 底面的平面度公差为0.02mm。

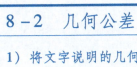
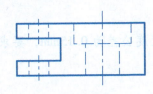

② φ30H6 轴线对上端面的垂直度公差为0.03mm。

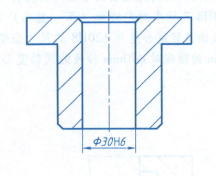

③ φ48h6 的圆柱度公差为0.03mm。

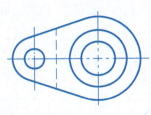

④ φ48h6 轴线对 φ56h7 轴线的同轴度公差为0.03mm。

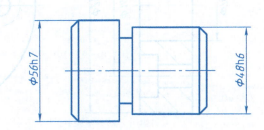

⑤ 上表面对下表面的平行度公差为0.03mm。

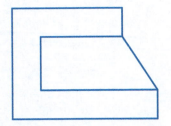

⑥ φ37h6 的圆柱面对 φ56h7 轴线的径向全跳动公差为0.04mm。

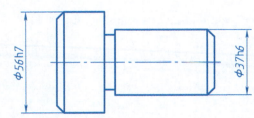

2) 指出各几何公差特征项目标注方法的错误，将正确的标注在下边的图上。

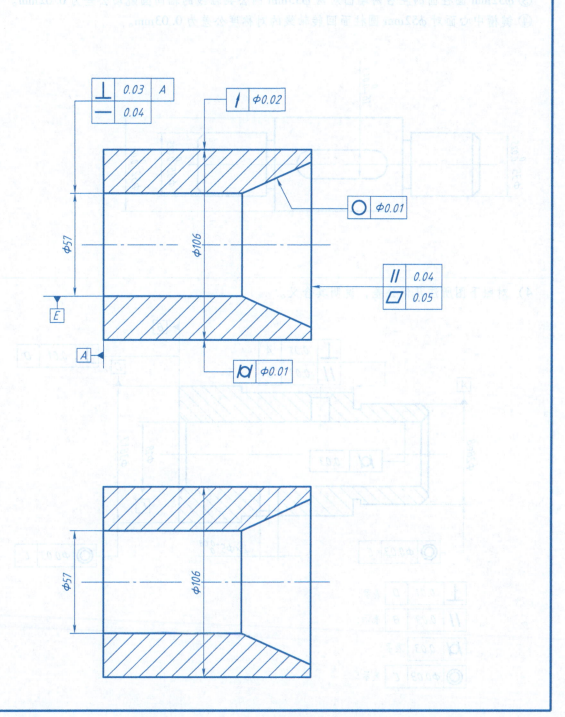

班级　姓名　学号　日期

8-2（续）

3）将文字说明的几何公差标注在图上。

① φ52mm 圆柱面对两 φ35mm 轴颈的公共轴线的径向圆跳动公差为 0.015mm。

② 两个 φ35mm 轴径的圆度公差为 0.03mm。

③ φ52mm 圆柱面的左右两端面对两 φ35mm 的公共轴线的轴向圆跳动公差为 0.02mm。

④ 键槽中心面对 φ52mm 圆柱面回转轴线的对称度公差为 0.03mm。

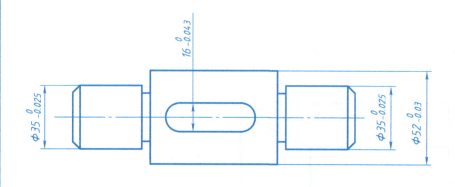

4）对照下图所注几何公差，说明其含义。

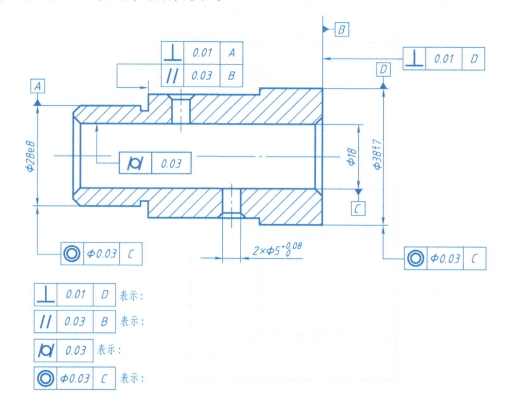

5）将文字说明的几何公差标注在图上。

① 左端面的平面度公差为 0.01mm。

② 右端面对左端面的平行度公差为 0.03mm。

③ φ70mm 采用 H7 遵守包容要求，φ210mm 采用 h7 遵守独立原则。

④ φ210mm 的轴线对左端面的垂直度公差为 0.02mm。

⑤ 4×φ20H8 孔轴线对左端面（第一基准）及 φ70mm 孔轴线的位置度公差为 0.15mm，要求均布，被测轴线的位置度公差与 φ20H8 的尺寸公差采用最大实体要求。

⑥ φ210mm 的轴线对 φ70mm 轴线的同轴度公差为 0.03mm。

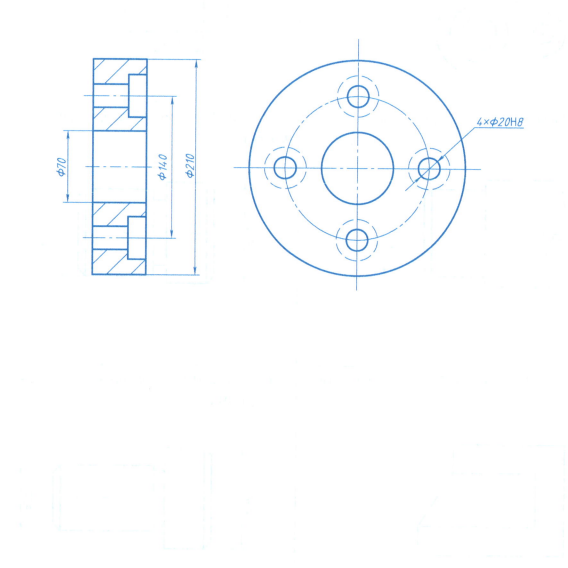

班级　　姓名　　学号　　日期

8-3 表面结构要求

1）根据所给轴承盖各表面的 Ra 值，且都是采用去除材料的方法获得，将各表面的表面结构要求注写在三视图上。

2）指出下图中各表面结构要求标注的错误，将正确的画在下面的图上。

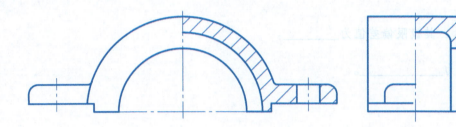

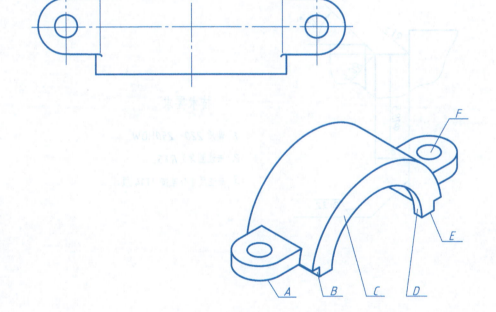

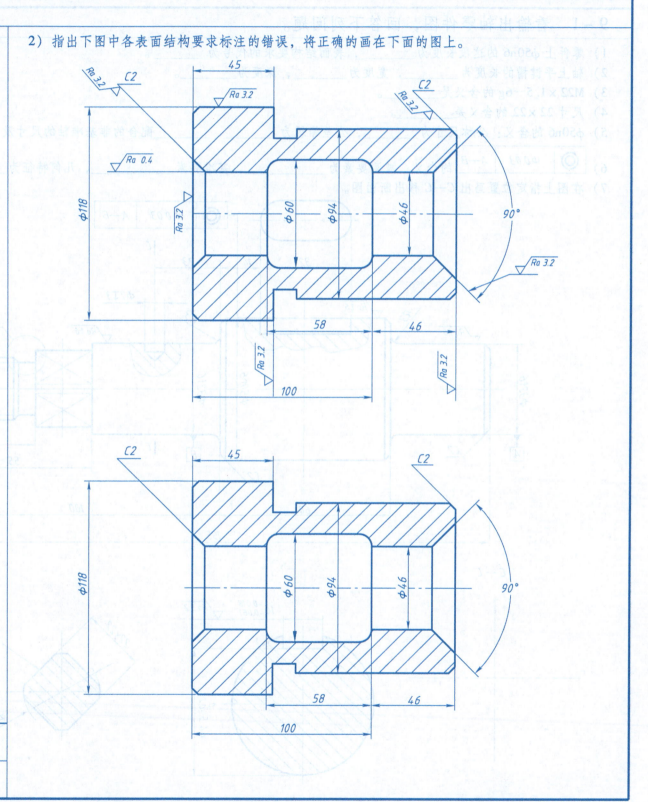

表面位置	A	B	C	D	E	F
$Ra/\mu m$	1.6	1.6	1.6	0.4	12.5	12.5

班级　　姓名　　学号　　日期

第九章 典型零件图的识读及零件测绘

9-1 看输出轴零件图，回答下列问题。

1) 零件上 φ50n6 的这段长度为_____，表面结构要求的代号为_____。
2) 轴上平键槽的长度为_____，宽度为_____，深度为_____。
3) M22×1.5-6g 的含义是_____。
4) 尺寸 22×22 的含义是_____。
5) φ50n6 的含义：公称尺寸为_____，公差等级为_____，_____配合的非基准轴的尺寸及公差带标注为_____，其极限偏差值为_____。
6) ◎ φ0.03 A—B 的含义：被测要素为_____，基准要素_____，几何特征为_____，公差值为_____。
7) 在图上指定位置画出 C—C 移出断面图。

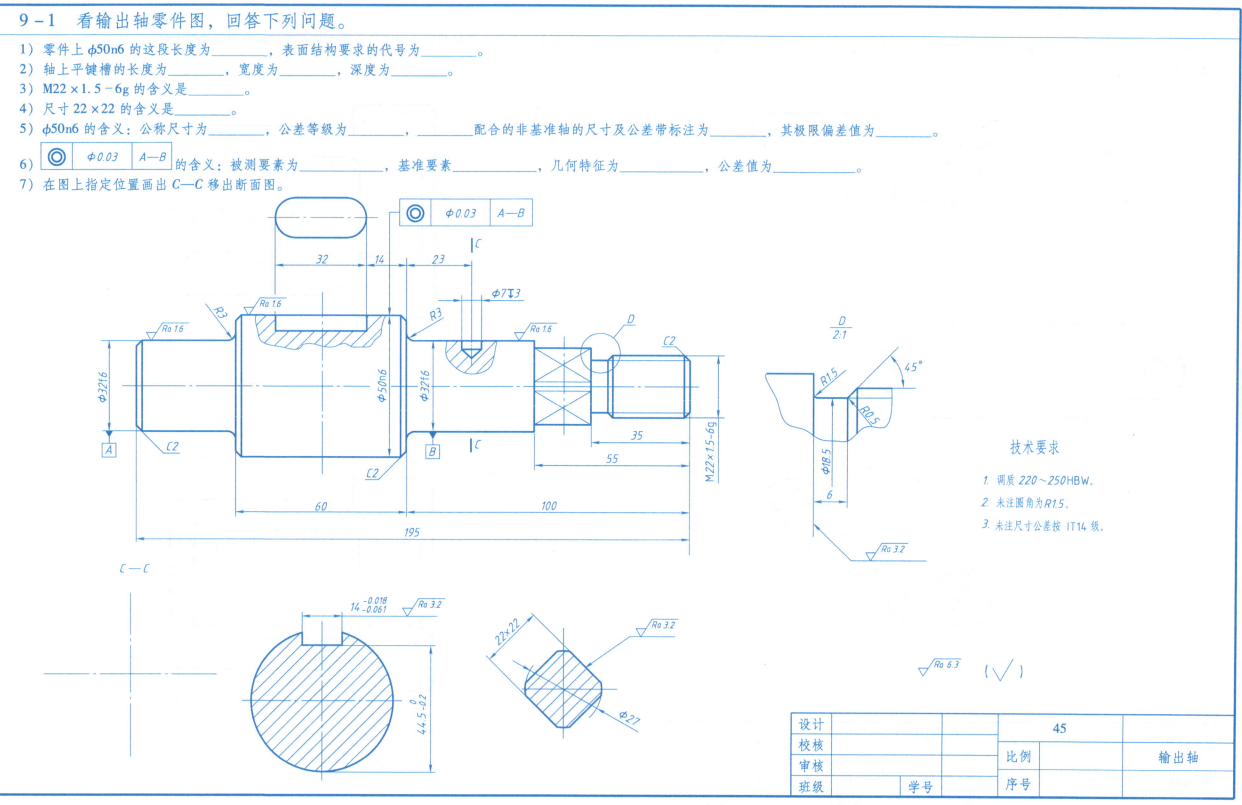

9-2 根据油缸端盖零件图，回答下列问题。

1) 主视图采用了 B—B _____ 剖视图。
2) 用指引线和文字在图上注明轴向尺寸和径向尺寸的主要基准。
3) 右端面上 φ10mm 圆柱孔的定位尺寸为 _____。
4) Rc1/4 是 _____ 螺纹，大径为 _____。
5) 3×M5-7H↓10 孔↓12 表示 _____ 个 _____ 孔，大径为 _____，公差带代号为 _____，螺孔深为 _____，钻孔深为 _____。
   6×φ7 ⌴φ11↓5 表示 _____ 个 _____ 孔，沉孔直径为 _____，深为 _____。
6) φ16H7 是基 _____ 制的 _____ 孔，公差等级为 _____。
7) ⊥ | 0.05 | A | 的含义：被测要素为 φ _____ 的 _____ 端面，基准要素为 φ _____ 轴线，几何特征为 _____，公差值为 _____。
8) 在图上指定位置画出本端盖的右视图（虚线不画）。

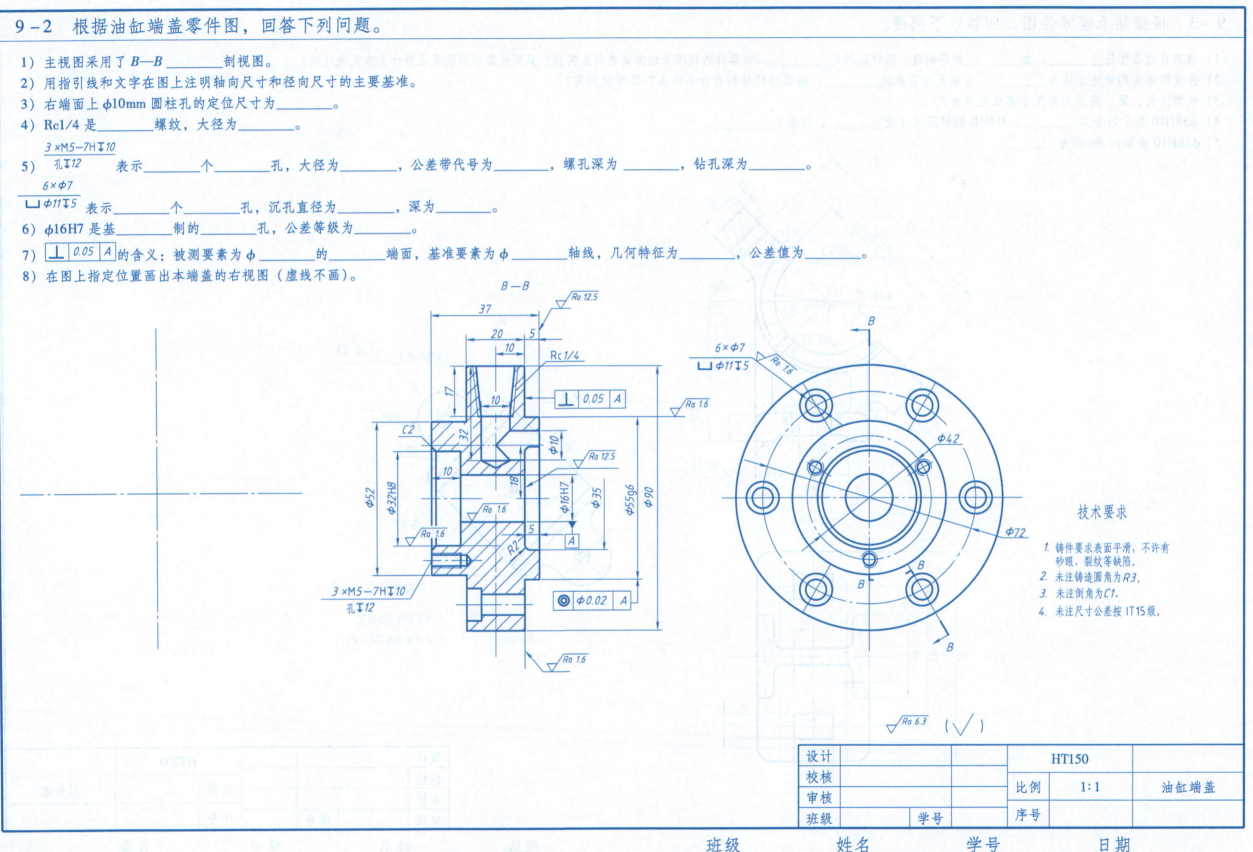

技术要求
1. 铸件要求表面平滑，不许有砂眼、裂纹等缺陷。
2. 未注铸造圆角为 R3。
3. 未注倒角为 C1。
4. 未注尺寸公差按 IT15 级。

设计		HT150	
校核			
审核		比例	1:1	油缸端盖
班级	学号	序号	

9-3 根据轴承座零件图，回答以下问题。

1）该零件的名称是_____。由_____材料制造，图样比例是_____。该零件的视图表达方案有什么特点？其倾斜部分形状是采用什么方式表达的？
2）俯视图采用的表达方法是_____，主要是为了表达_____。该零件的结构有什么特点？其形状如何？
3）该零件长、宽、高方向的尺寸基准是什么？
4）ϕ38H10 表示的含义_____。45H10 的极限尺寸是_____，公差是_____。
5）ϕ38H10 表面的 Ra 值为_____。

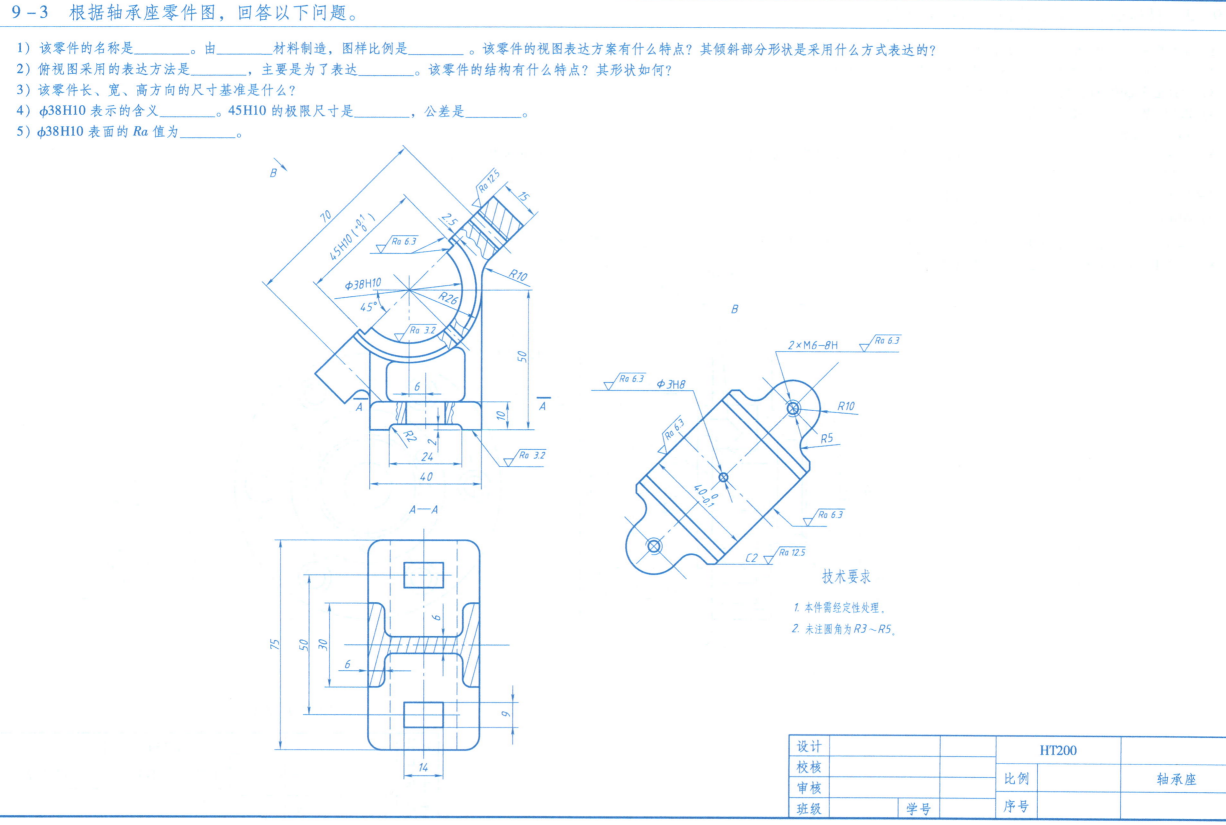

9-4 看十字接头零件图，回答下列问题。

1）根据零件名称和结构形状，此零件属于_____零件。
2）用指引线和文字在图上注明长、宽、高三个方向的主要基准。
3）主视图中，下列尺寸属于哪种类型（定形、定位）尺寸：
   80是_____尺寸。
   38是_____尺寸。
   40是_____尺寸。
   24是_____尺寸。
   $\phi 22^{+0.033}_{0}$ 是_____尺寸。
4）$\phi 40^{+0.039}_{0}$ 的上极限尺寸是_____，下极限尺寸为_____，公差为_____，查表改写成公差带代号后，应为 $\phi 40$ _____，表示基_____制的_____孔。
5）$\boxed{\perp\ \phi 0.02\ A}$ 的含义：被测要素为_____，基准要素为_____，几何特征为_____，公差值为_____。
6）零件上共有_____个螺孔，它们的尺寸分别为_____。
7）在图上指定位置画出 B—B 断面图。
8）在下面画出俯视图。

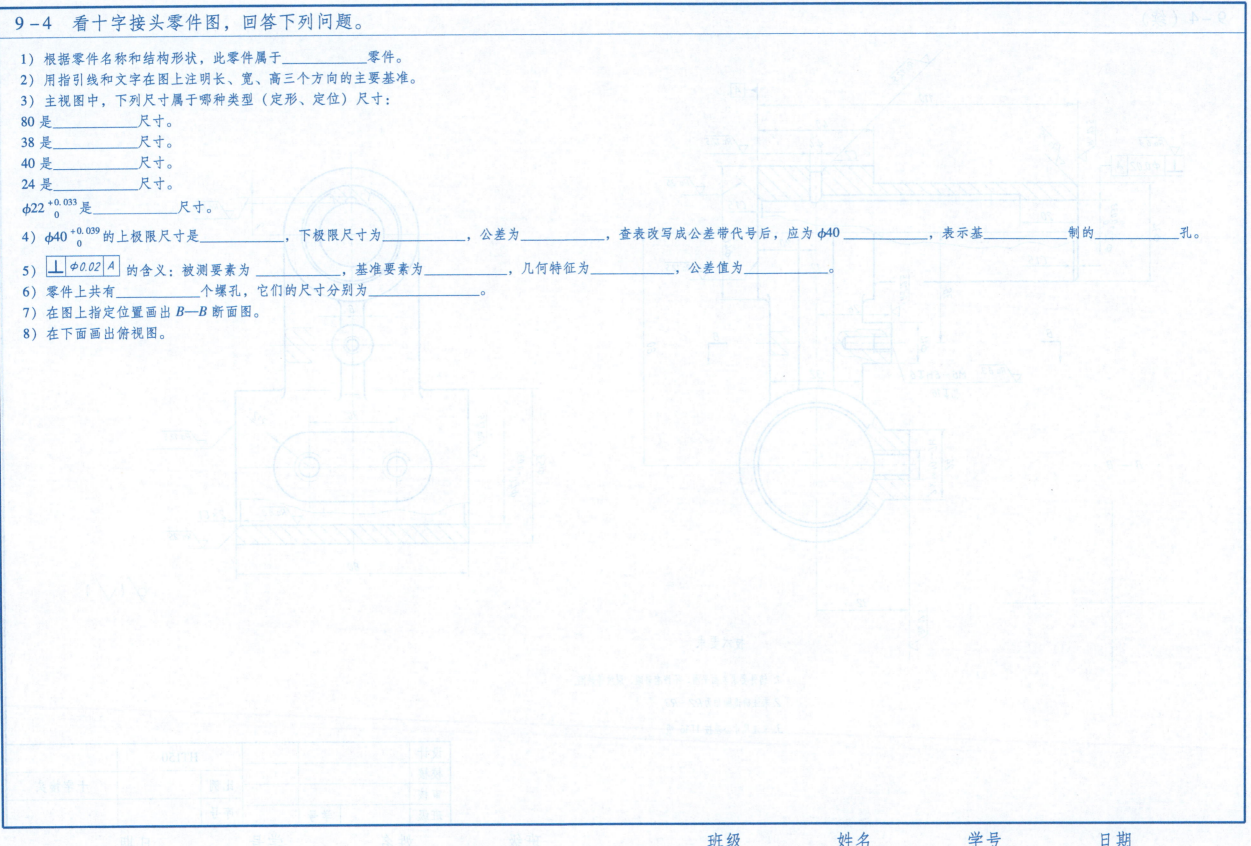

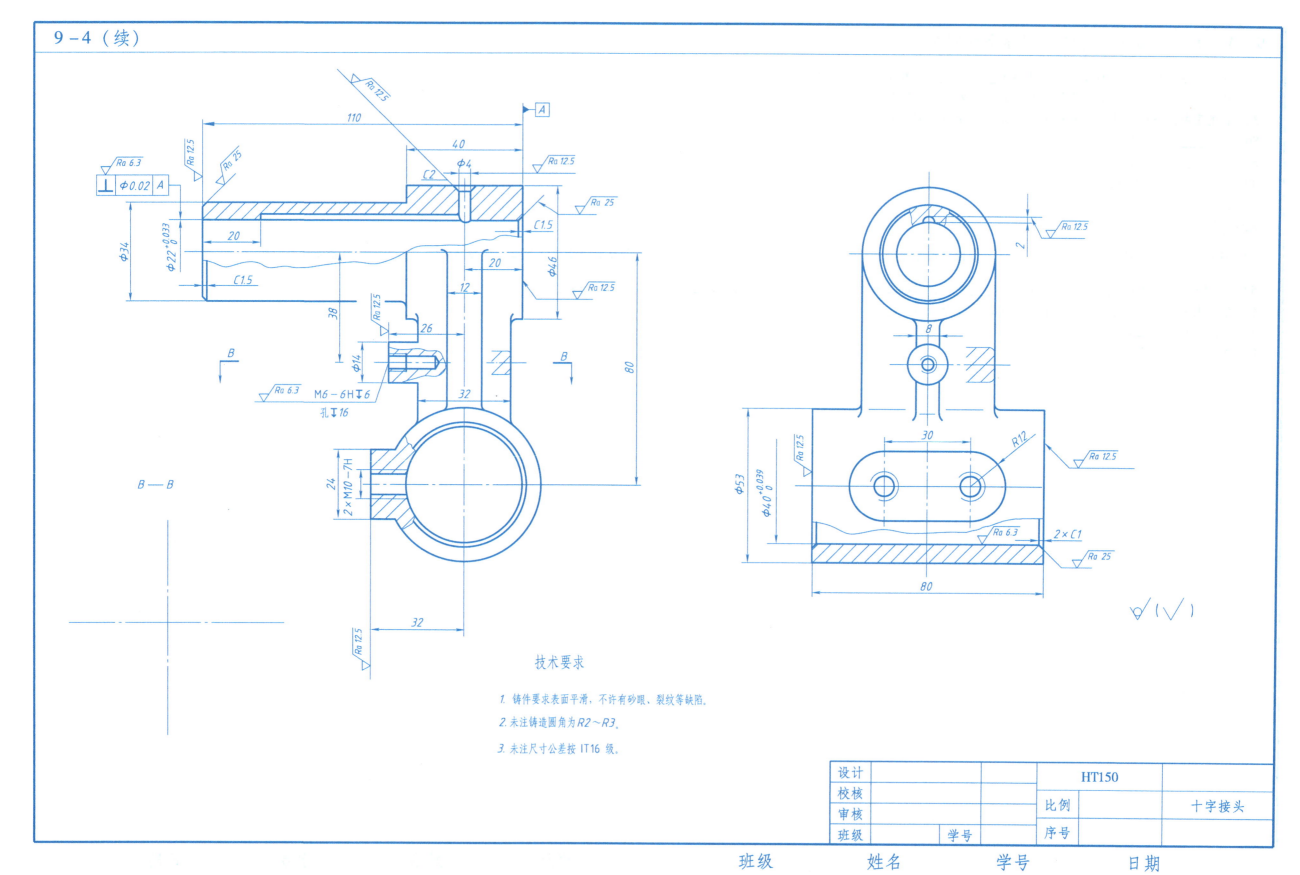

9-5 根据给定零件图，补画出左视图。

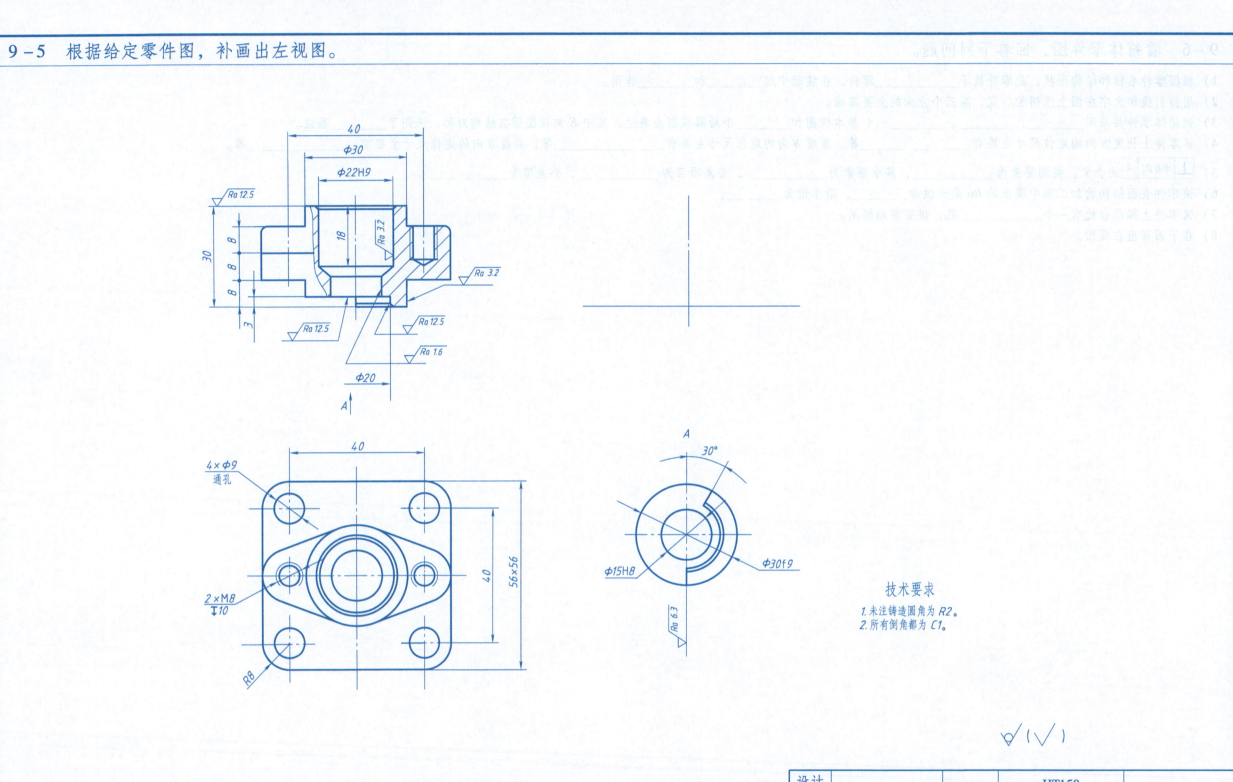

9-6 看箱体零件图，回答下列问题。

1) 根据零件名称和结构形状，此零件属于_____零件，在装配中起_____和_____作用。
2) 用指引线和文字在图上注明长、宽、高三个方向的主要基准。
3) 该箱体零件共采用_____、_____、_____三个基本视图和_____个局部视图去表达。其中 E 向视图因其结构对称，采用了_____画法。
4) 该零件上长度方向的定位尺寸主要有_____等，宽度方向的定位尺寸主要有_____等，高度方向的定位尺寸主要有_____等。
5) ⊥ ⌀0.01 A 的含义：被测要素为_____，基准要素为_____，公差项目为_____，公差值为_____。
6) 该零件表面结构的加工面中要求的 Ra 最大值为_____，最小值为_____。
7) 该零件上部凸台处有一个_____孔，供安装油杯用。
8) 在下面画出右视图。

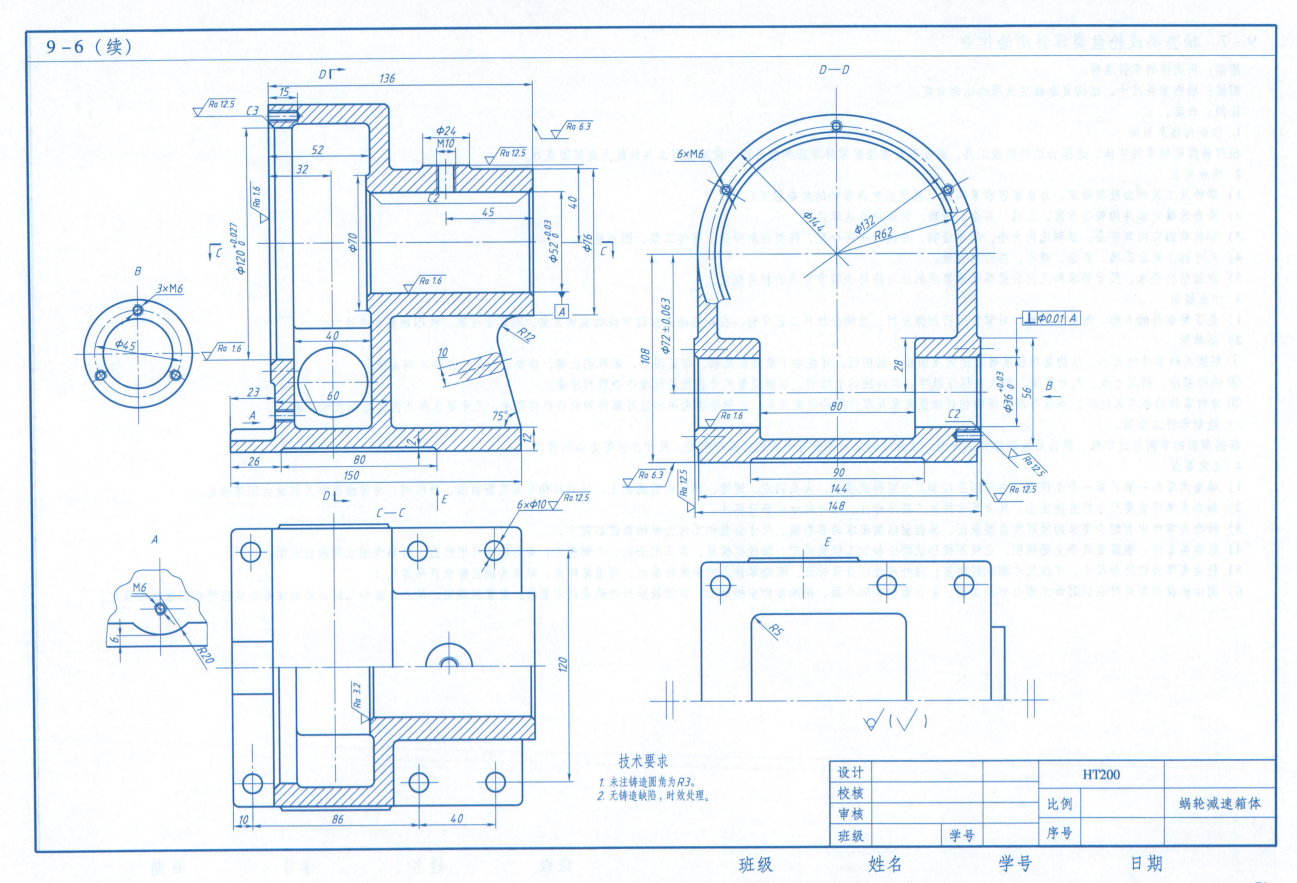

9-7 轴套类或轮盘类零件测绘作业。

图名：所选择的零件名称。
图幅：根据零件尺寸、结构复杂程度及所选比例自定。
比例：自定。

1. 作业内容及目的
根据教师所给零件实体，选择合适的测绘工具，测量零件并绘制零件草图和零件图，提高使用工具的能力及画图能力。

2. 作业要求
1）零件及工具均由教师给定，力求紧密联系实际（教师应把握零件的复杂程度）。
2）恰当地确定零件的表达方案，正确、齐全、清晰、简练地表达零件。
3）零件草图应内容齐全，目测比例大小，徒手绘制，并做到布图合理，线型粗细分明，字体工整，图面整洁。
4）尺寸标注要求正确、齐全、清晰，并力求合理。
5）表面结构要求、尺寸要求和几何公差等技术要求的注写应符合国家标准的相关规定。

3. 作业提示
1）先了解零件的名称、用途、材料，对零件进行形体分析、结构分析和工艺分析，在此基础上拟订零件的表达方案，确定主视图、视图数量和表达方法。
2）画草图。
① 根据所给零件的大小、结构复杂程度确定比例及图幅，画图框，并在右下角画标题栏，布置图形，画草图底稿，检查后加深，并加画剖面线。
② 选择基准，画尺寸线、尺寸界限、箭头并标注数字。零件的标准结构，根据测量尺寸在相关标准中查取标准值。
③ 分析零件的各表面特征，弄清各形体间的相对位置关系及零件间的装配关系，以便恰当选用和注写零件的表面结构要求、尺寸要求和几何公差等技术要求。
3）绘制零件工作图。
根据所画的草图经过审核、修改后绘制零件工作图。注意绘制工作图时可适当进行图形布局、尺寸标注等方面的修改。

4. 注意要点
1）轴套类零件一般只画一个主视图，主视图应按加工位置轴线横放，大头朝左，键槽、孔可朝前或朝上。局部结构可采用断面图、局部剖、局部视图和局部放大图等表达。
2）轴套类零件重要尺寸应直接注出，其余尺寸按加工顺序标注，内外尺寸应分开标注。
3）轴套类零件中有配合要求的轴颈和重要表面，其表面结构要求的参数值、尺寸公差和几何公差的数值都较小。
4）轮盘类零件一般需要两个主要视图，主视图按形状特征和加工位置确定，轴线也横放，常采用全剖、半剖表达；局部结构可用断面、局部视图或局部放大图表达。
5）轮盘类零件的定形尺寸、定位尺寸都比较明显；内外尺寸应分开标注。测绘零件上的曲线轮廓时，可用拓印法、铅丝法或坐标法获得其尺寸。
6）测绘轮盘类零件时应识别加工面与非加工面、配合面和非配合面、接触面和非接触面，以便较恰当地确定技术要求。表面粗糙度、尺寸公差和几何公差的注写形式应符合国家标准规定。

9-7（续） 轮盘类零件测绘。

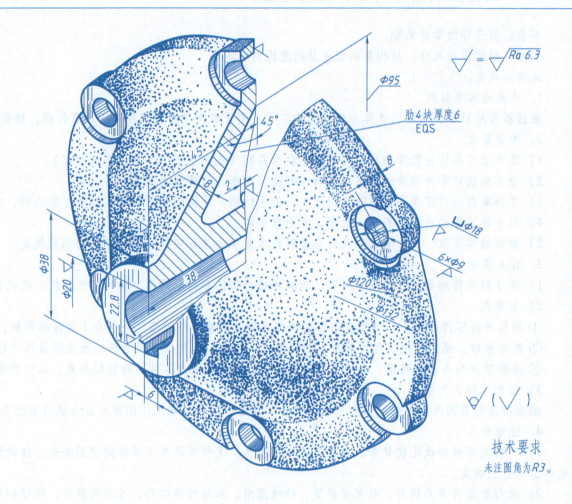

技术要求
未注圆角为R3。

材料：HT150
名称：机闸盖

9-8 叉杆类或箱体类零件测绘作业。

图名：所选择的零件名称。
图幅：根据零件尺寸、结构复杂程度及所选比例自定。
比例：自定。

1. 作业内容及目的

根据教师所给零件实体，选择合适的测绘工具，测量零件并绘制零件草图和零件图，提高使用工具的能力及画图能力。

2. 作业要求

1）零件及工具均由教师给定，力求紧密联系实际（教师应把握零件的复杂程度）。
2）恰当地确定零件的表达方案，正确、齐全、清晰、简练地表达零件。
3）零件草图应内容齐全，目测比例大小，徒手绘制。并做到布图合理，线型粗细分明，字体工整，图面整洁。
4）尺寸标注要求正确、齐全、清晰，并力求合理。
5）表面结构要求、尺寸要求和几何公差等技术要求的注写应符合国家标准的相关规定。

3. 作业提示

1）先了解零件的名称、用途、材料，对零件进行形体分析、结构分析和工艺分析，在此基础上拟订零件的表达方案，确定主视图、视图数量和表达方法。
2）画草图。
① 根据所给零件的大小、结构复杂程度确定比例及图幅，画图框，并在右下角画标题栏，布置图形，画草图底稿，检查后加深，并加画剖面线。
② 选择基准，画尺寸线、尺寸界限，箭头并标注数字。零件的标准结构，根据测量尺寸在相关标准中查取标准值。
③ 分析零件的各表面特征，弄清各形体间的相对位置关系及零件间的装配关系，以便恰当选用和注写零件的表面结构要求、尺寸要求和几何公差等技术要求。
3）绘制零件工作图。
根据所画的草图经过审核、修改后绘制零件工作图。注意绘制工作图时可适当进行图形布局、尺寸标注等方面的修改。

4. 注意要点

1）叉杆类零件形状比较复杂，常需较多视图表达。叉杆零件多用局部剖视图表达，倾斜结构常用斜视图或斜剖视图表达。局部结构可用断面图、局部视图、局部放大图表达。主视图主要按形状特征和工作位置确定。
2）叉杆类零件多为铸件，有起模斜度、铸造圆角、加强肋等结构，过渡线较多，应仔细观察，表达清楚。
3）叉杆类零件的定位尺寸较多，联系尺寸一定要联系起来。定位尺寸一般用形体分析法标注。同时，叉杆类零件的非加工面也比较多，表面粗糙度、尺寸公差、几何公差的注写形式应符合国家标准的规定。
4）箱体类零件结构复杂，基本视图较多，常选取剖视图表达其内部结构。表达零件的局部结构时常采用局部视图、局部剖视图等，主视图主要按形状特征和工作位置确定。
5）箱体类零件多为铸件，有起模斜度、铸造圆角、加强肋和凹槽等结构，过渡线较多，在视图表达时均应表达清楚。
6）箱体类零件的定位尺寸多，各孔中心线或轴线间距离要直接标出，定形尺寸用形体分析法标注。
7）对于箱体类零件的重要的箱体孔和重要的表面，其表面粗糙度参数值应较小，且应有尺寸公差和几何公差要求，其注写应符合国家标准规定。

| 班级 | 姓名 | 学号 | 日期 |

9-8（续） 叉杆类零件测绘。

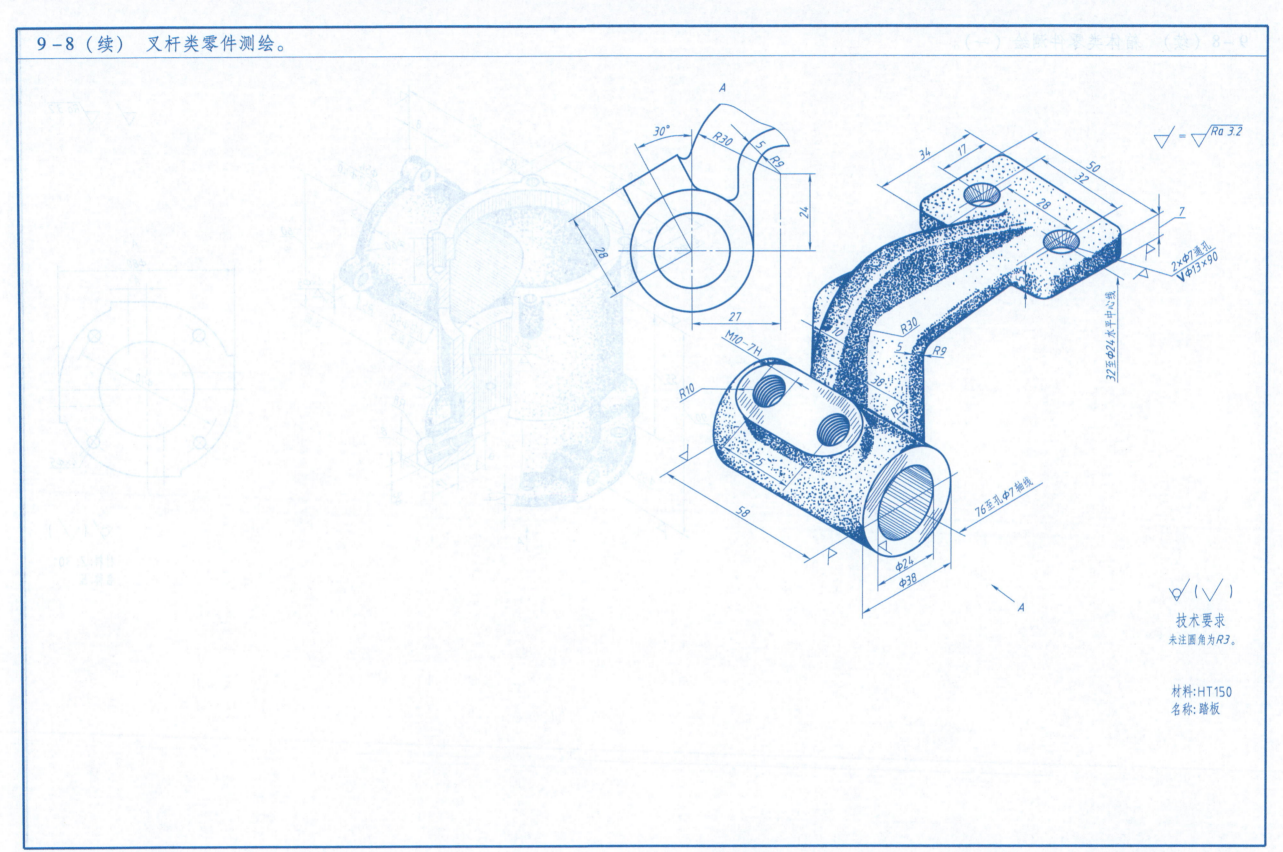

9-8（续） 箱体类零件测绘（一）。

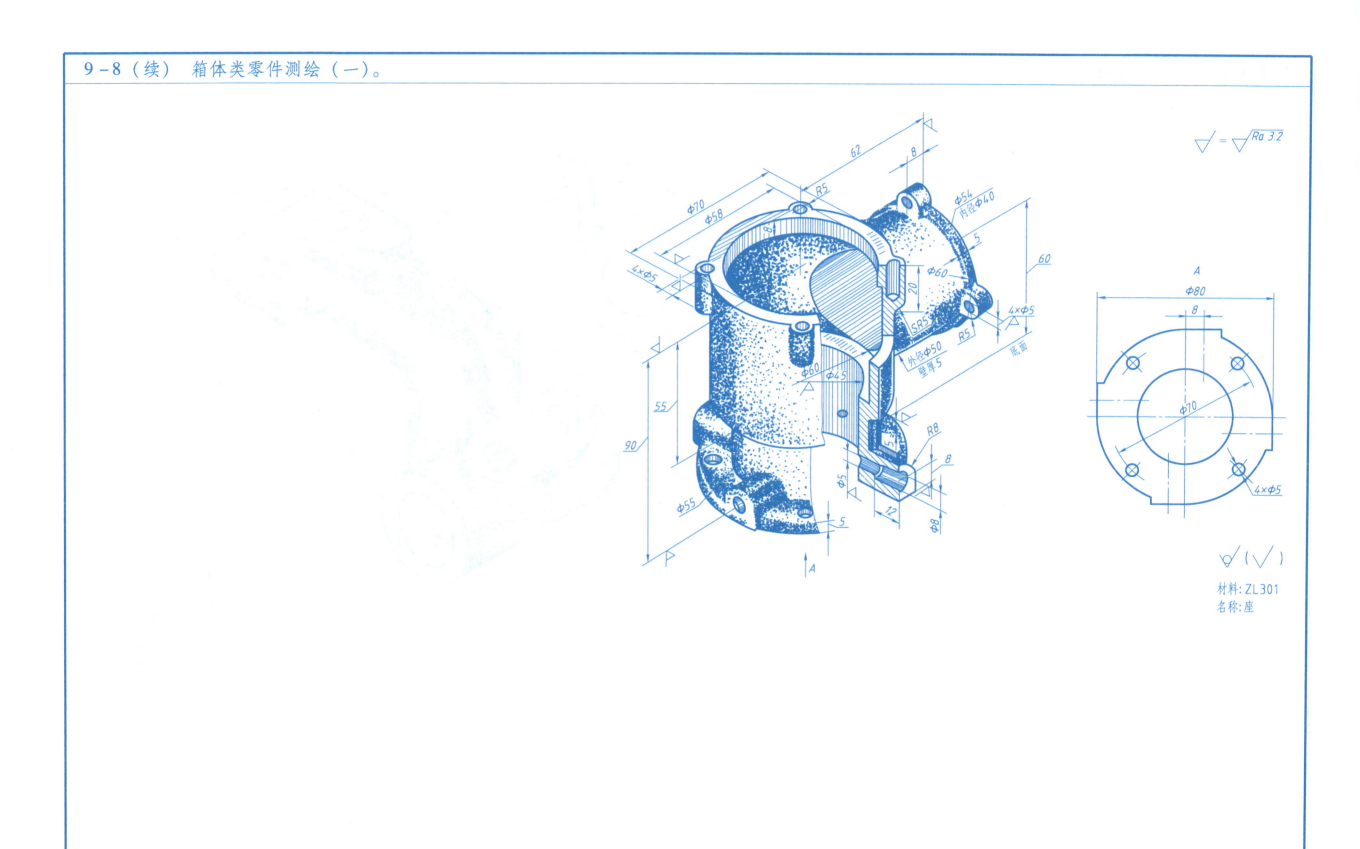

9-8（续） 箱体类零件测绘（二）。

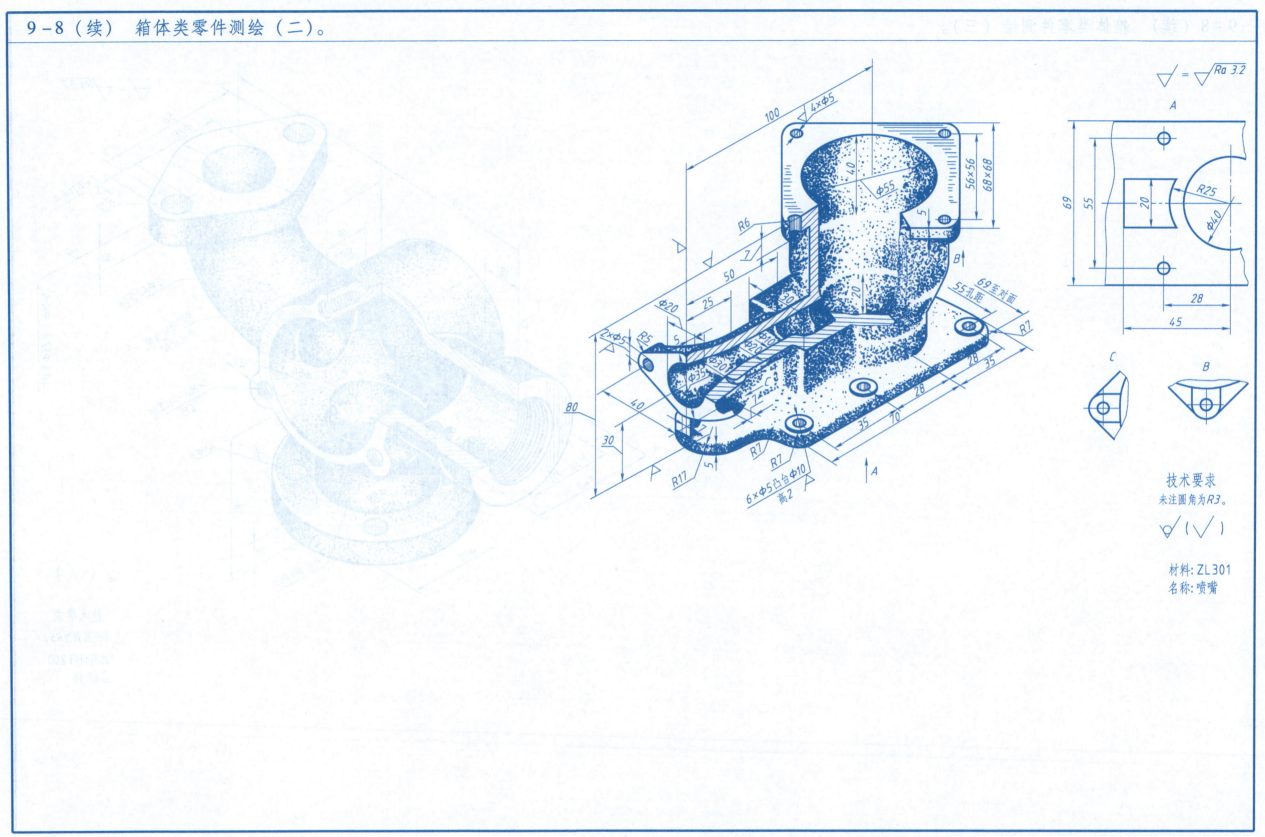

技术要求
未注圆角为R3。

材料：ZL301
名称：喷嘴

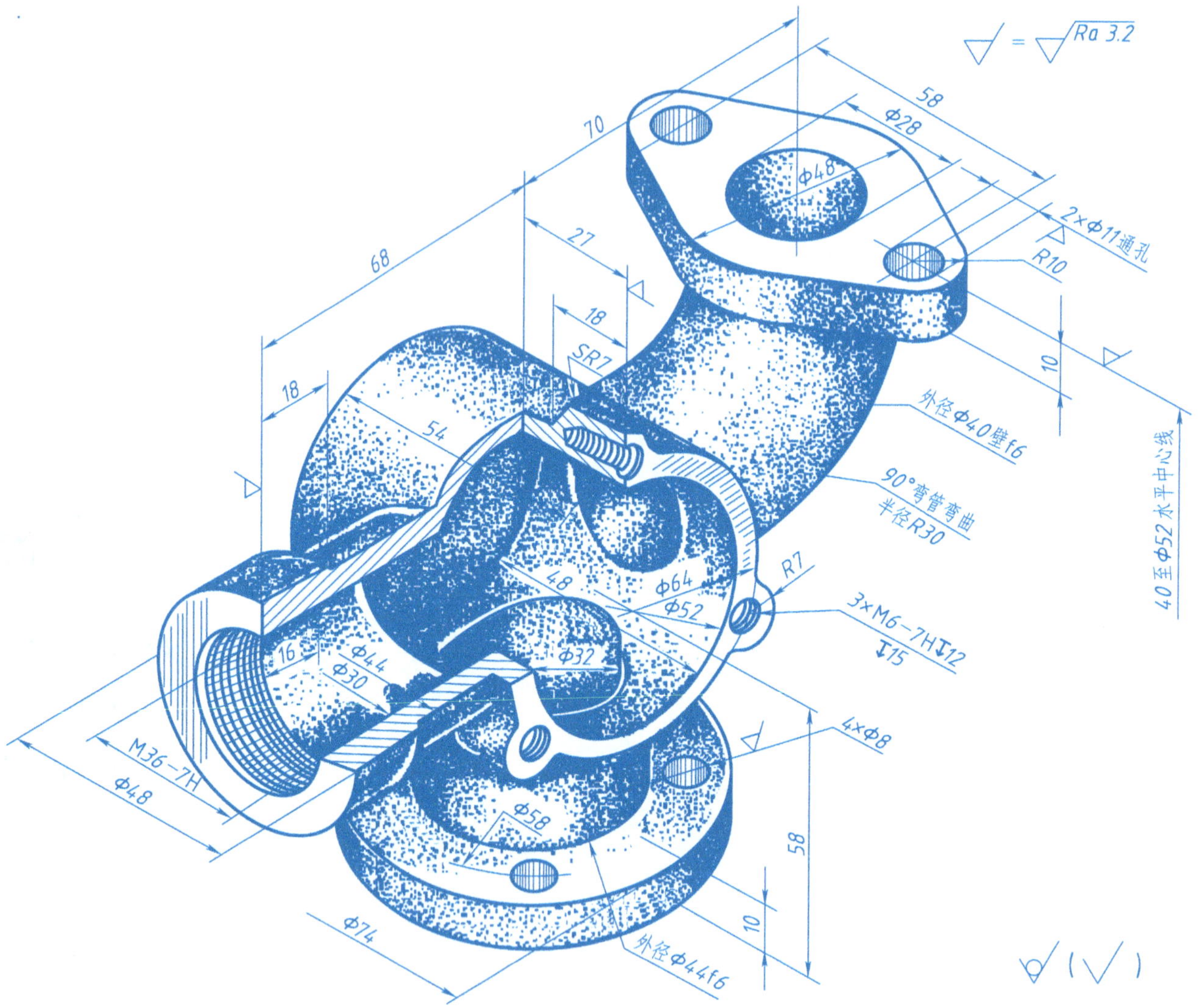

9-8（续） 箱体类零件测绘（三）。

技术要求
未注圆角为R5。
材料：HT200
名称：体

班级　　姓名　　学号　　日期

第十章 标准件与常用件

10-1 螺纹紧固件的画法及标记。

1) 查表填写双头螺柱（A型）的尺寸数值，螺纹规格 d = M16，L = 45mm，并写出其规定标记。

标记 _____

2) 查表填写六角头螺栓（A级）的尺寸数值，螺纹规格 d = M16，L = 45mm，并写出其规定标记。

标记 _____

3) 查表填写六角头螺母的尺寸数值，螺纹规格 d = M20，并写出其规定标记。

标记 _____

4) 查表填写垫圈（A级）的尺寸数值，基本尺寸为12mm，并写出其规定标记。

标记 _____

5) 查表填写开槽圆柱头螺钉的尺寸数值，螺纹规格 d = M10，L = 25mm，并写出其规定标记。

标记 _____

6) 查表画出锥端紧定螺钉，并标注尺寸，螺钉规格为 M10×25。

10-2 画螺栓连接图。

已知：螺纹规格为 M16。

螺栓 GB/T 5782 M16 × _____（公称长度计算后选定填入）

配用螺母 GB/T 6170 M16

配用垫圈 GB/T 97.1 16

按画图比例 1:1，用比例画法将主视图画成全剖视图，俯、左视图画成外形图。

班级　　　姓名　　　学号　　　日期

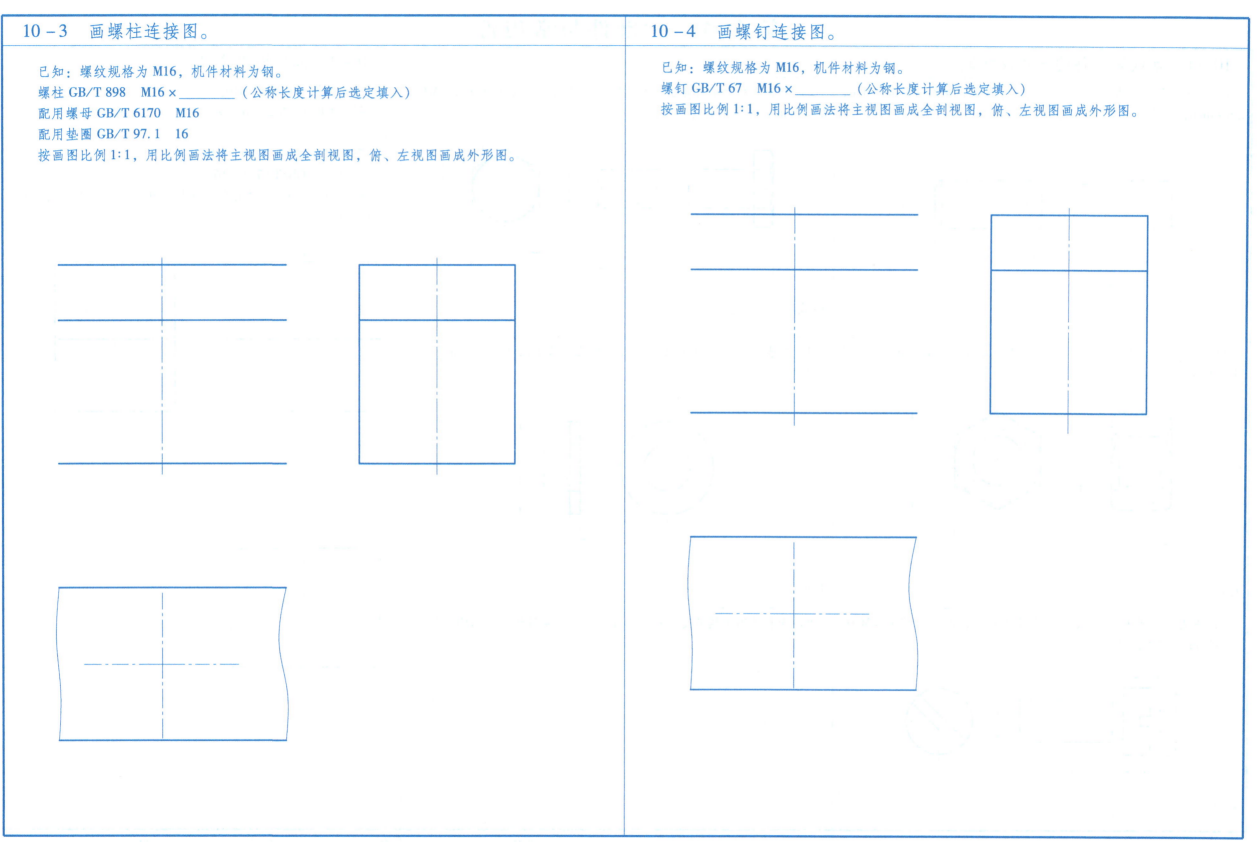

10-5 带轮和轴用普通平键连接,轴径为20mm,键的长度为32mm,确定键槽尺寸,画键槽及键连接图。

1) 查表确定轴上键槽尺寸后完成下图,并标注键槽尺寸。

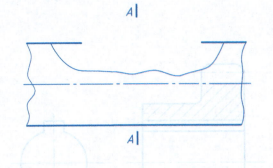
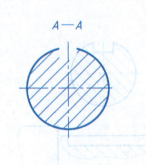

2) 查表确定轮上键槽尺寸后完成下图,并标注键槽尺寸。

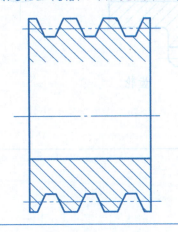

3) 完成键连接图,并写出键的标记。

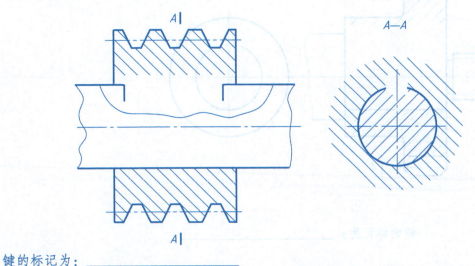

键的标记为:_____

10-6 已知一标准直齿齿轮,$m=3.5$,$z=28$,根据立体图给定的结构,按规定画法补全齿轮的两个视图。

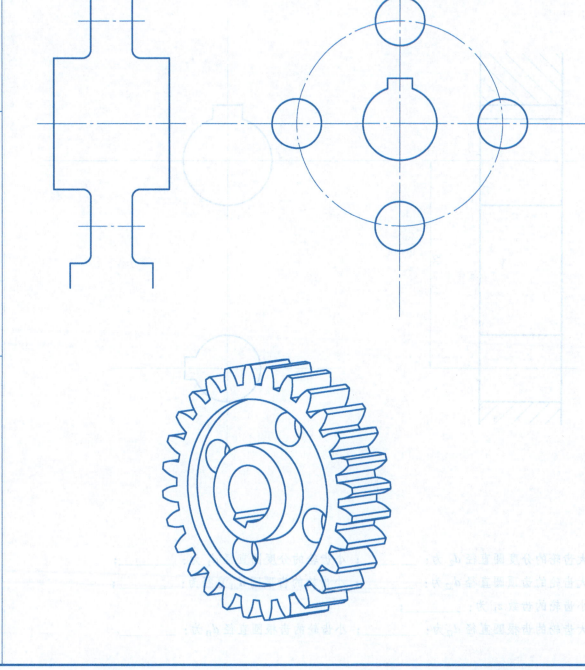

班级　　姓名　　学号　　日期

10-7 已知一对平板齿轮啮合,模数 $m=2$,大齿轮的齿数为 $z_2=36$,计算两齿轮的主要尺寸,按 1:1 的比例完成啮合图。

10-8 齿轮和轴用普通 A 型平键连接,轴径为 20mm,键的长度为 25mm,查表确定键槽尺寸,画齿轮、轴和键的连接图。

1)查表确定齿轮和轴上键槽尺寸后标注键槽尺寸。

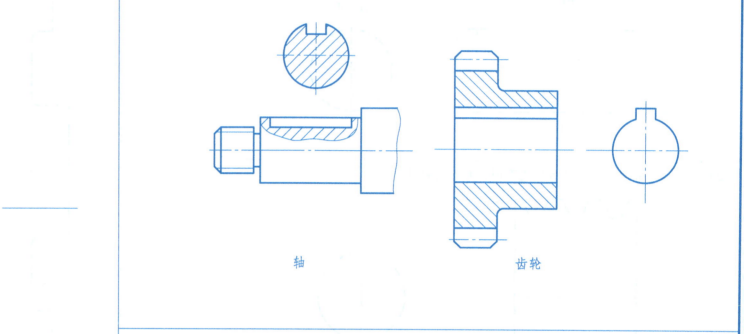

轴　　　　　　　　齿轮

2)完成键连接图,并写出键的标记。

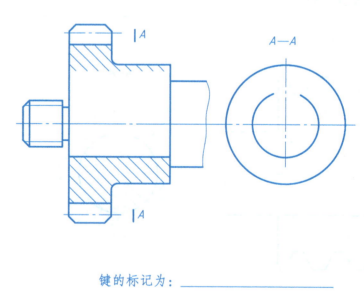

大齿轮的分度圆直径 d_2 为:_____;小齿轮的分度圆直径 d_1 为:_____;
大齿轮的齿顶圆直径 d_{a2} 为:_____;小齿轮的齿顶圆 d_{a1} 直径为:_____;
小齿轮的齿数 z_1 为:_____;
大齿轮的齿根圆直径 d_{f2} 为:_____;小齿轮的齿根圆直径 d_{f1} 为:_____。

键的标记为:_____

班级　　　姓名　　　学号　　　日期

第十一章 装配图的绘制和识读

11-1 根据旋阀的装配图回答问题，并按要求作图。

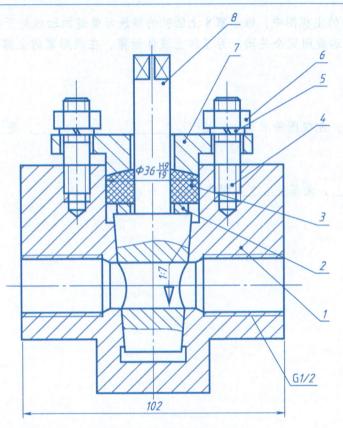

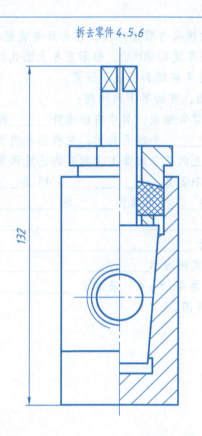

拆去零件4、5、6

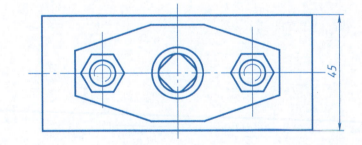

8		锥形塞	1	35		
7		填料压盖	1	35		
6	GB/T 6170—2015	螺母	2			
5	GB/T 93—1987	弹簧垫圈	2			
4	GB/T 897—1988	螺柱 M10×30	2			
3		填料	1	石棉绳		
2	GB/T 97.1—2002	垫圈 16	1	30		
1		阀体	1	35		
序号	代号	名称	数量	材料	单件 总计 重量	备注
设计						
校核			比例		旋阀	
审核						
班级		学号		共 张 第 张		

班级　　　姓名　　　学号　　　日期

11–1（续）

1. 旋阀的工作原理：

　　旋阀以阀体1两端的螺孔与管道连接，作为开关装置。其特点是可以迅速开启和关闭，并能控制液体流量。在旋阀装配图的主视图中，锥形塞8上圆孔的轴线与管道的轴线处于同一水平线上，表示旋阀全部开启。当锥形塞8旋转90°后，锥形塞8上圆孔的轴线与管道的轴线处于垂直位置，此时管道被锥形塞完全阻断，表示旋阀完全关闭。为了防止液体泄露，在锥形塞的上部与阀体之间装有填料3（石棉绳），并通过螺柱4将填料压盖7压紧。

2. 读懂旋阀的装配图，并回答下列问题：

1) 旋阀由_____种零件组成，其中有标准件_____种。

2) 该旋阀装配图用_____个视图表示，主视图采用了_____，是_____剖视图，左视图采用了_____，是_____图。

3) 为表达锥形塞8上的孔与阀体1上的孔的连接和贯通关系，采用了_____剖视图。

4) 装配图中的尺寸102是_____，45是_____，132是_____。

5) ϕ36H9/f9是零件_____与零件_____的_____尺寸，H9表示_____，f9表示_____，是基_____制的配合。

6) 图中的1:7表示_____。

7) 图中的G1/2表示_____。

8) 件8上的交叉细实线表示_____。

9) 图中的"拆去零件4、5、6"采用了_____画法，因为_____。

3. 拆画阀体1的零件图。

11-2 根据管钳的装配图回答问题，并按要求作图。

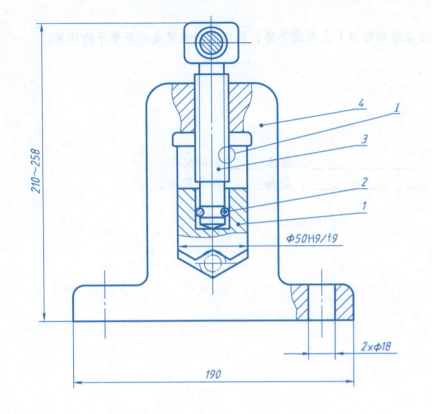
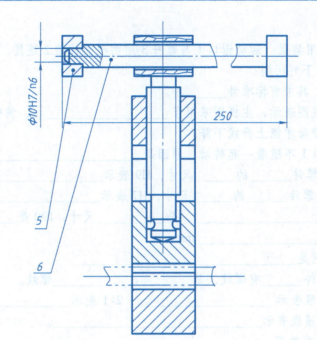
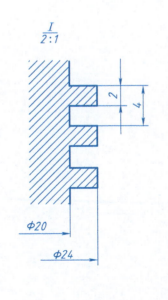

6		手柄	1	Q235A			
5		套圈	1	Q235A			
4		钳座	1	HT250			
3		螺杆	1	Q275			
2	GB/T 119.1—2000	圆柱销	2	45			
1		活动钳口	1	Q275			
序号	代号	名称	数量	材料	单件	总计	备注
					重量		
设计							
校核				比例		管 钳	
审核							
班级		学号		共 张 第 张			

班级　　　　姓名　　　　学号　　　　日期

11-2（续）

1. 管钳的工作原理：

管钳是用于夹紧管子的一种专用装置。活动钳口 1 与螺杆 3 用两根圆柱销 2 连接。当逆时针或顺时针转动手柄 6 时，螺杆 3 带动活动钳口 1 上升或下降，从而起到夹紧或松开管子的作用。

2. 读懂管钳的装配图，并回答下列问题：

1）管钳由_____种零件组成，其中有标准件_____种。

2）该管钳装配图用_____个视图表示，主视图采用了_____，俯视图采用了_____。

3）活动钳口 1 靠_____带动才能上升或下降。

4）当手柄 6 转动时，活动钳口 1 不随着一起转动，原因是_____。

5）$\phi50H9/f9$ 是零件_____与零件_____的_____尺寸，H9 表示_____，f9 表示_____，是基_____制的配合。

6）$\phi10H7/n6$ 是零件_____与零件_____的_____尺寸，H7 表示_____，n6 表示_____，是基_____制的配合。

7）$2×\phi18$ 表示_____，是_____尺寸；190 是_____尺寸，250 是_____尺寸。

8）活动钳口的升降范围是_____ mm。

9）圆柱销 2 在装配体中的作用是_____。

10）管钳中的零件_____和零件_____有螺纹，是_____螺纹。

11）图中的细实线圆圈和指引线表示_____，2:1 表示_____。

12）主视图和左视图中的细点画线表示_____。

3. 拆画钳座 4 或活动钳口 1 的零件图。

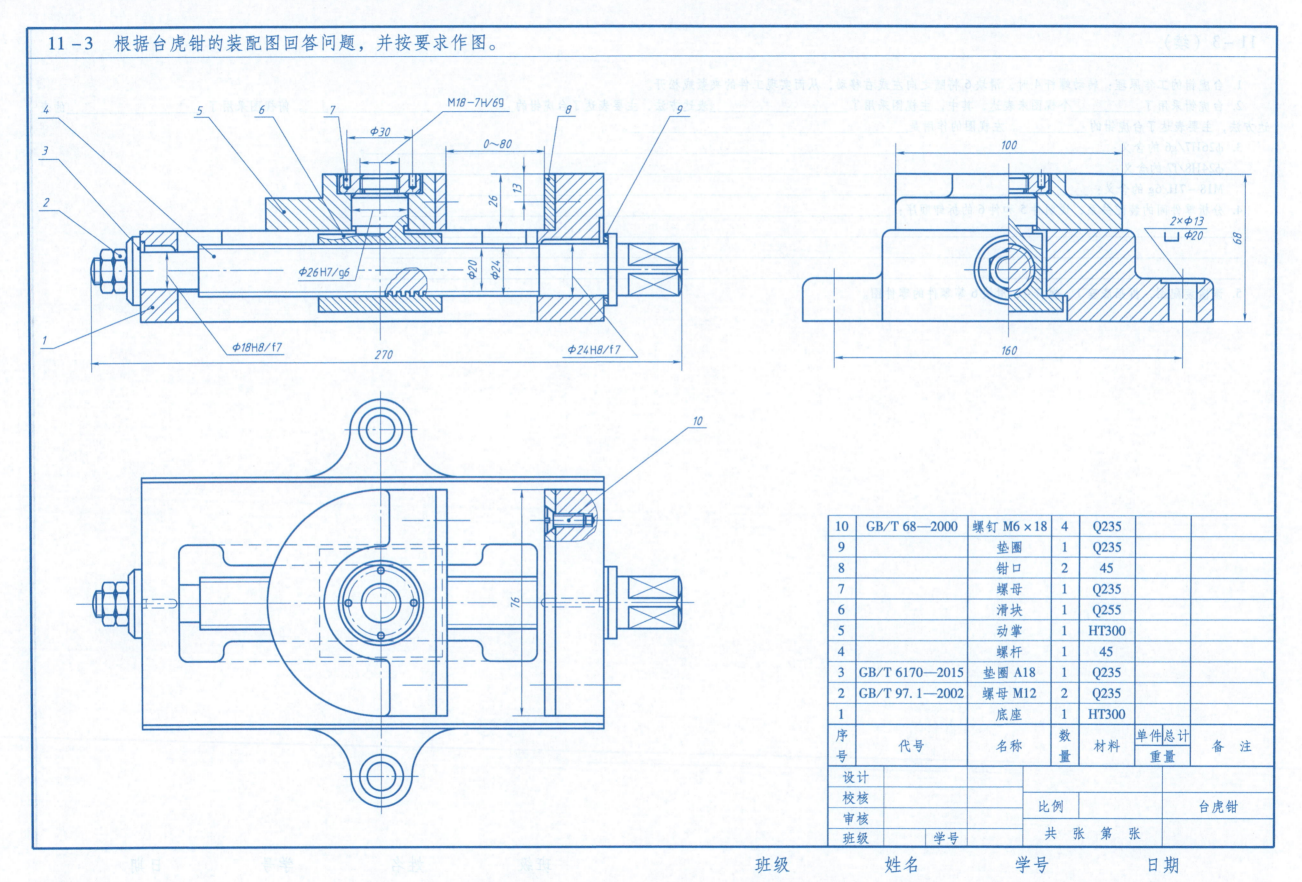

11-3（续）

1. 台虎钳的工作原理：转动螺杆4时，滑块6将随之向左或右移动，从而实现工件的夹紧或松开。

2. 台虎钳采用了＿＿＿＿个视图来表达，其中，主视图采用了＿＿＿＿＿＿＿＿表达方法，主要表达了台虎钳的＿＿＿＿＿＿＿＿＿＿＿＿。俯视图采用了＿＿＿＿＿＿＿＿的表达方法，主要表达了台虎钳的＿＿＿＿＿＿。左视图的作用是＿＿＿＿＿＿＿＿＿＿＿＿＿＿＿＿＿＿＿＿＿。

3. φ26H7/g6 的含义：＿＿＿＿＿＿＿＿＿＿＿＿＿＿＿＿＿＿＿＿＿＿＿＿＿＿＿＿＿＿＿＿＿＿。

   φ24H8/f7 的含义：＿＿＿＿＿＿＿＿＿＿＿＿＿＿＿＿＿＿＿＿＿＿＿＿＿＿＿＿＿＿＿＿＿＿。

   M18－7H/6g 的含义：＿＿＿＿＿＿＿＿＿＿＿＿＿＿＿＿＿＿＿＿＿＿＿＿＿＿＿＿＿＿＿＿。

4. 分析零件间的装配关系，说明件5和件6的拆卸顺序：＿＿。

5. 读懂装配图，拆画底座1、螺杆4、滑块6等零件的零件图。

班级　　　姓名　　　学号　　　日期

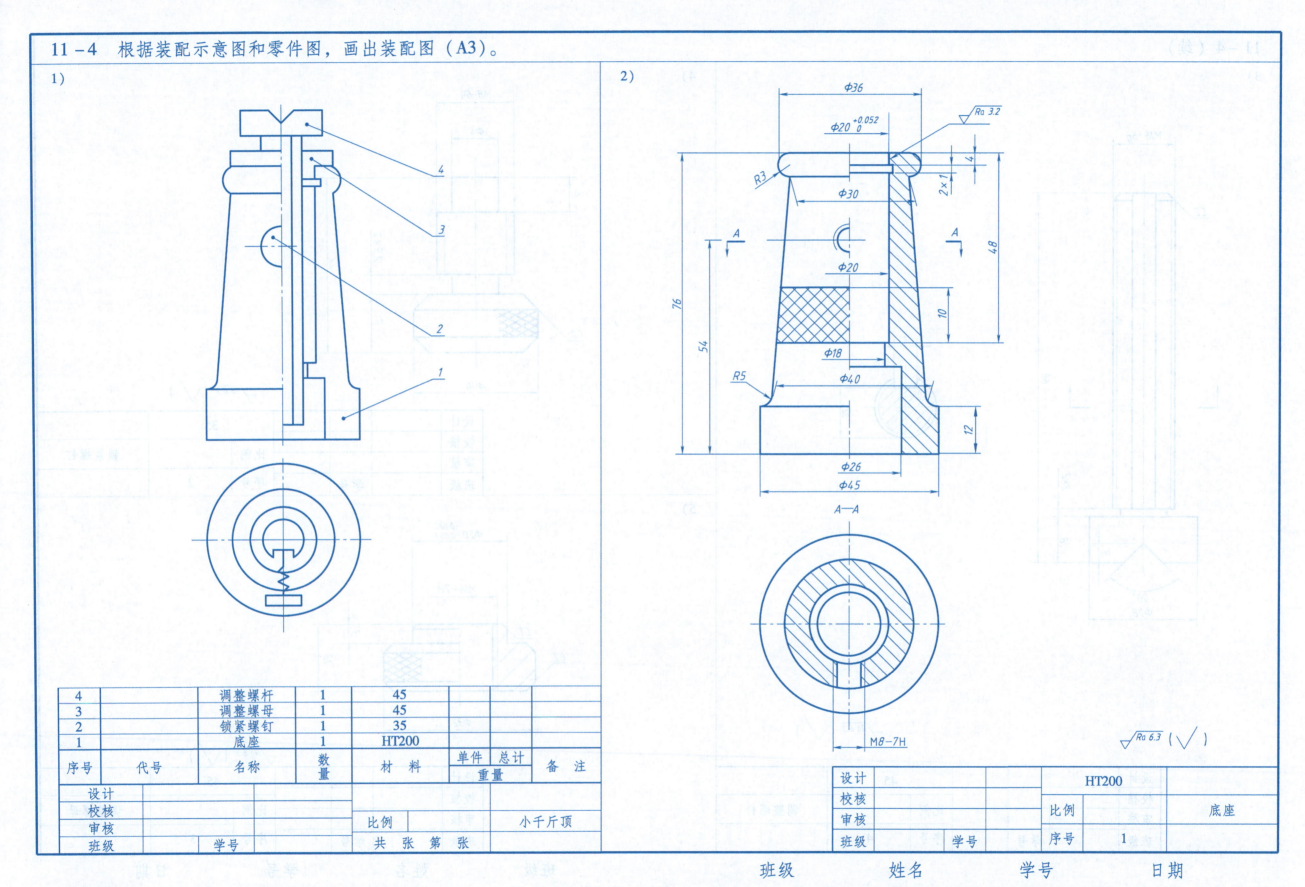

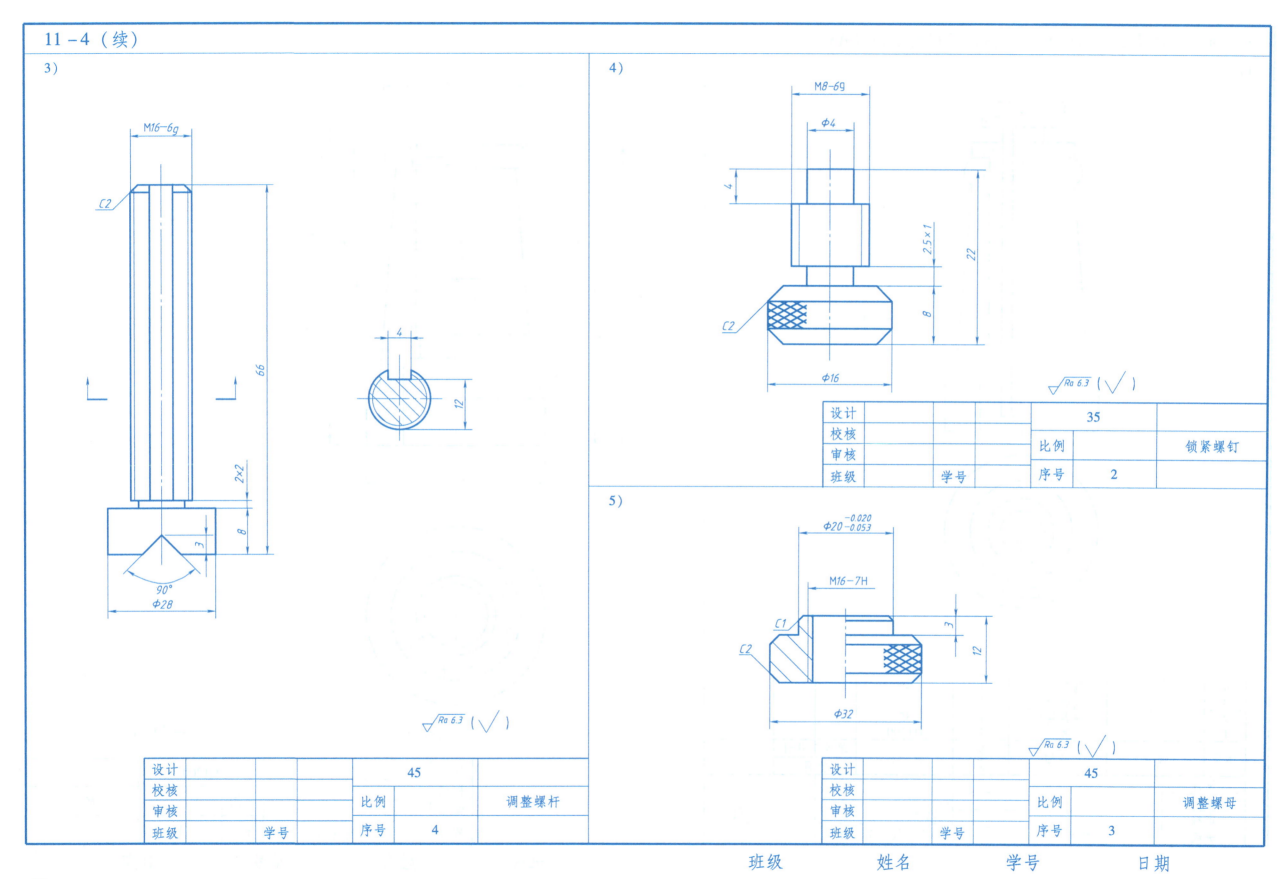

11-5 根据阀门的装配图回答问题，并按要求作图。

11－5（续）

1. 阀门的工作原理：转动手柄使轴 4 升降，带动活门 2 打开或关闭阀口，连接活门与轴的圆柱销 3 处于轴的环形槽中。当拧紧阀门时，活门不会转动。
2. A—A 视图的表达方法是_____，主要目的是为了表达_____。
3. φ36H11/c11 的含义：_____。
   M40－6g 的含义：_____。
4. 拆画零件阀体 1 和轴 4 的零件图。

班级　　　姓名　　　学号　　　日期

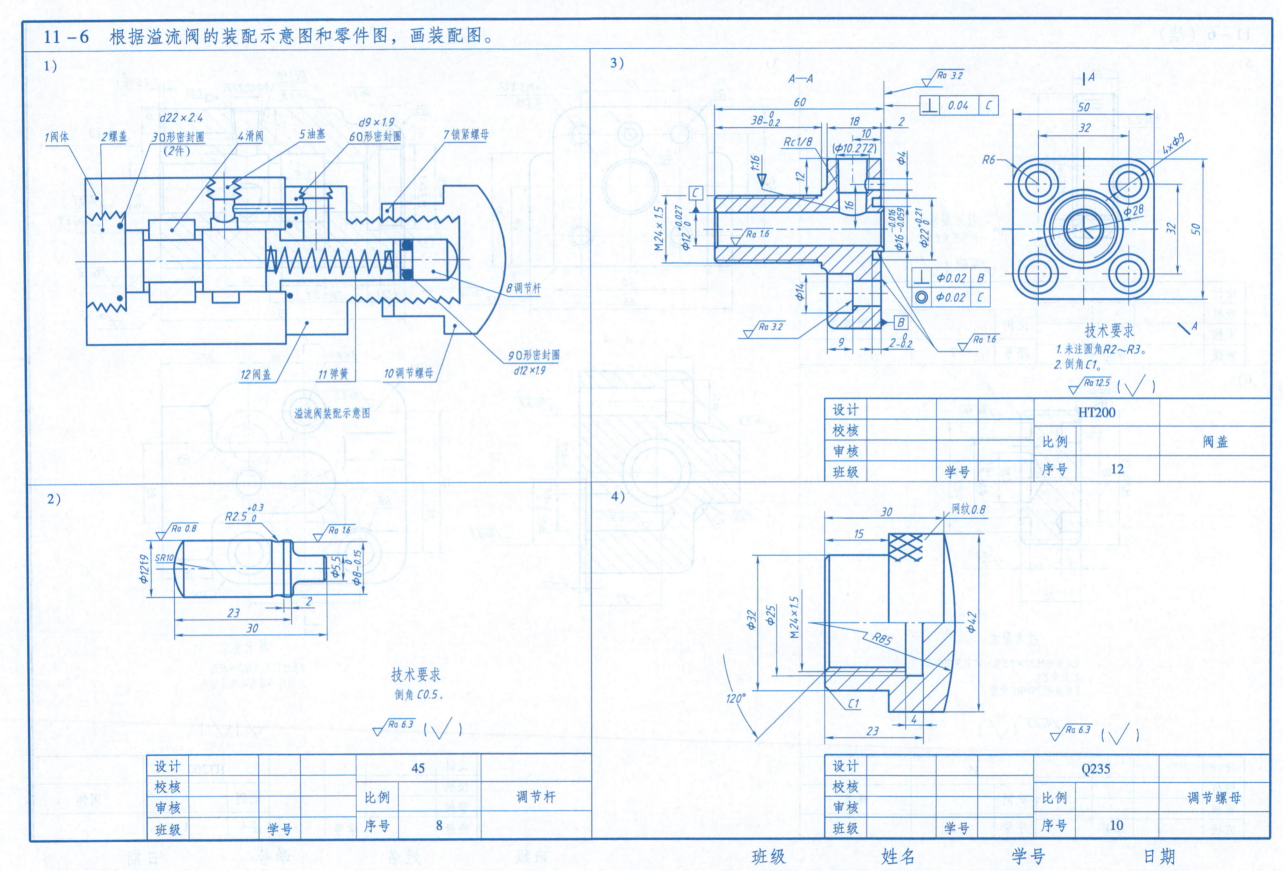

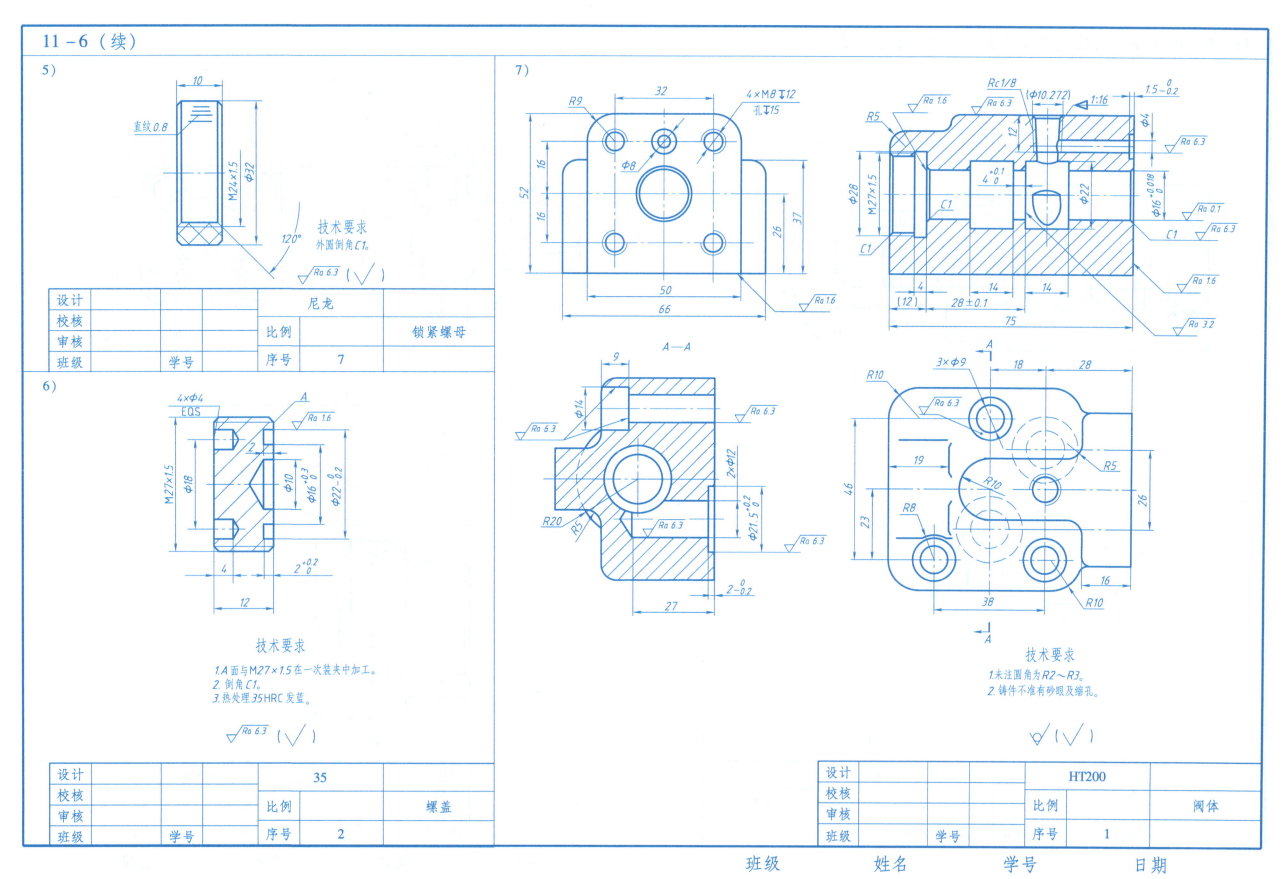

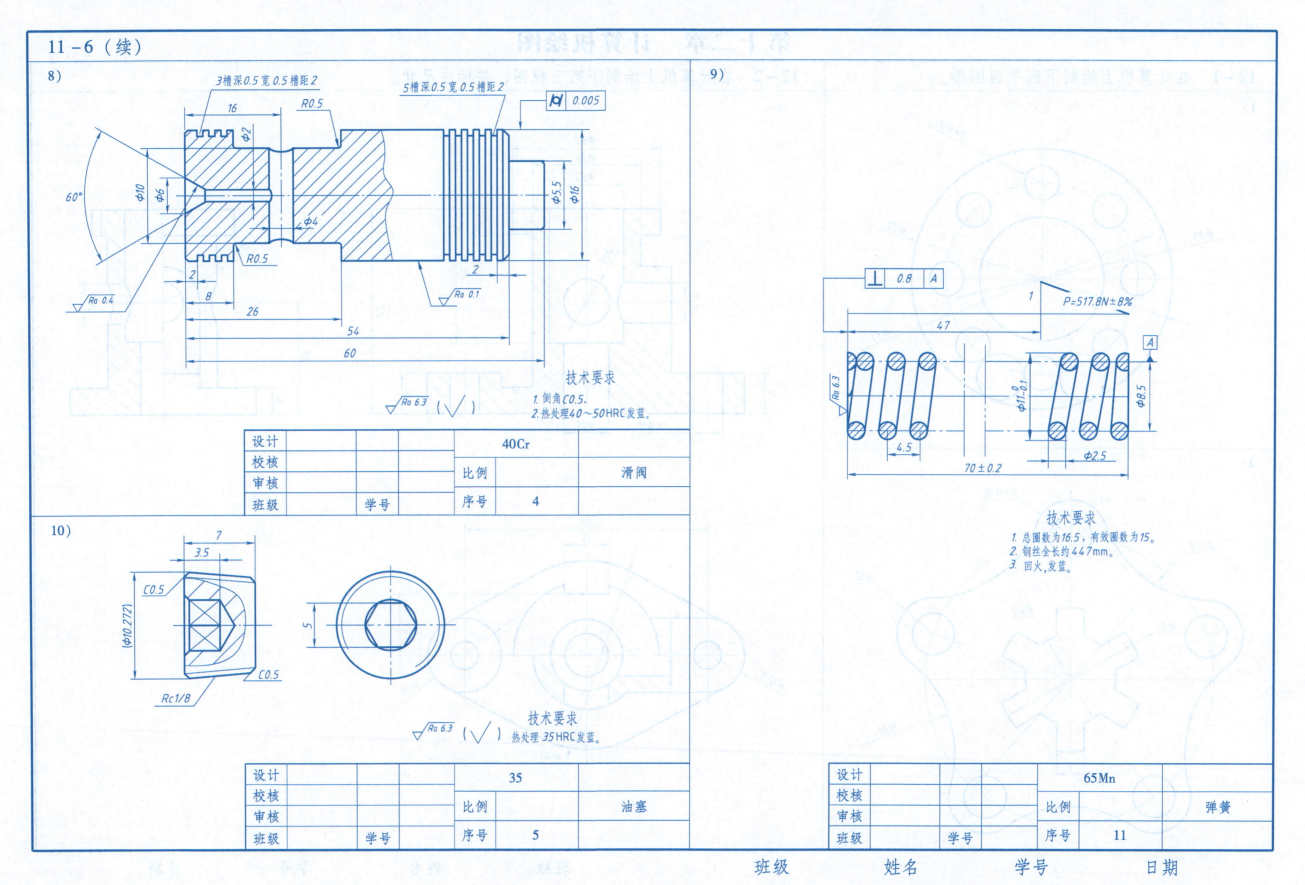

第十二章 计算机绘图

12-1 在计算机上绘制下列平面图形。

1)

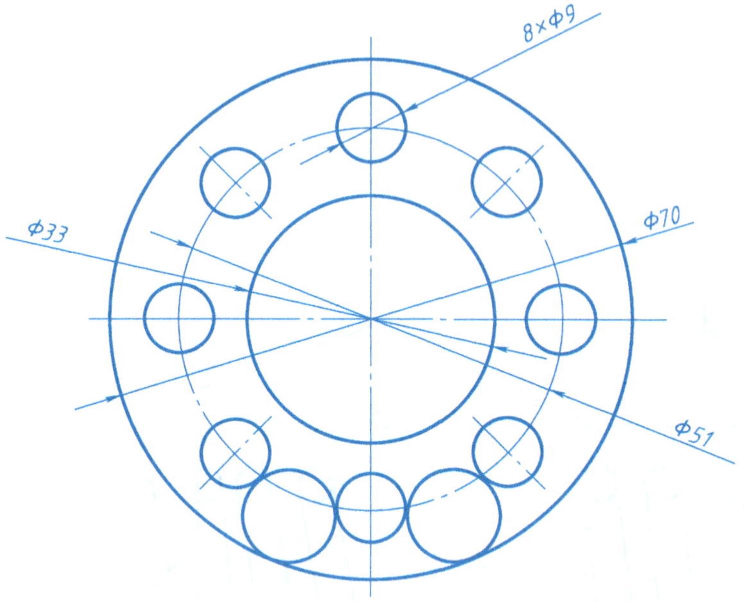

2)

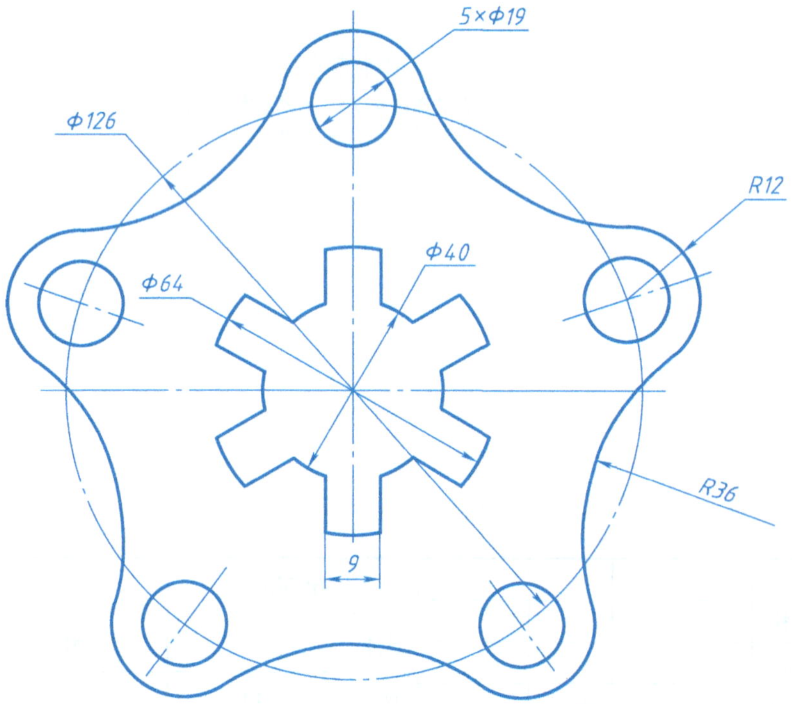

12-2 在计算机上绘制下列三视图,并标注尺寸。

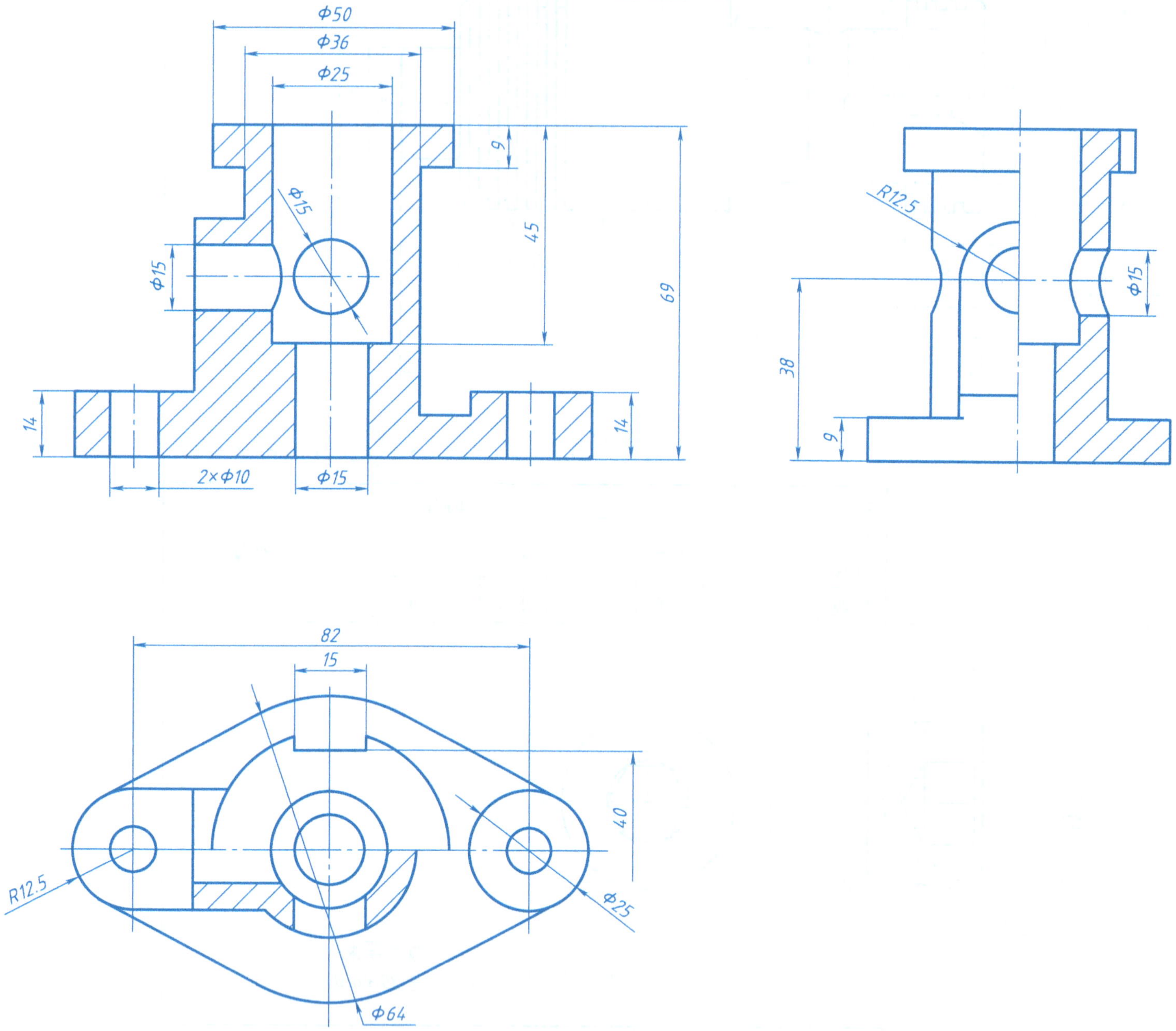

12-3 采用适当比例在计算机上抄画下列零件图。

绘制要求：1) 分层绘图。图层、颜色、线型要求如下：

层名	颜色	线型	粗度	用途	层名	颜色	线型	粗度	用途
粗实线	白色	实线	0.7mm	画粗实线	中心线	红色	点画线	0.35mm	画中心线
文字	蓝色	实线	0.35mm	写文字	细实线	绿色	实线	0.35mm	画细实线、尺寸线

2) 尺寸标注按图中格式，尺寸参数：字高和箭头大小设为3.5mm，尺寸界线延伸长度为2mm，其余参数使用系统默认配置。

3) 用细实线绘制A3图纸的图幅线即图纸边界线（420mm×297mm），用粗实线绘制A3的图框线（390mm×287mm），在A3图幅内绘制图形。

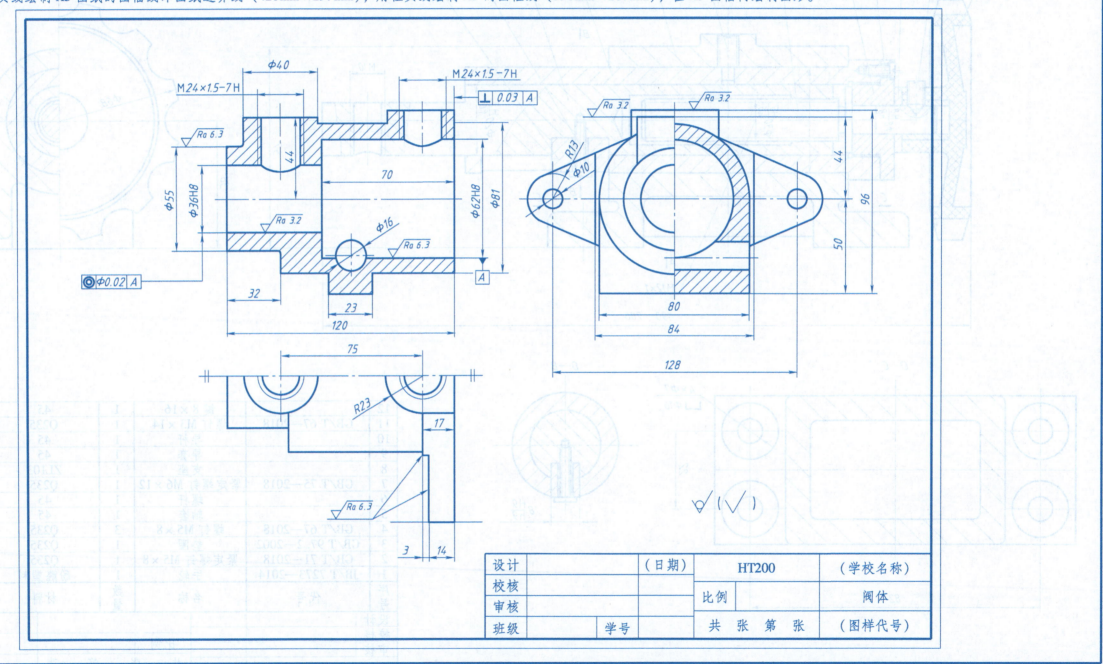

班级　　姓名　　学号　　日期

12-4 参照零件名称，在计算机上抄画下列微动机构的装配图，并补画装配图的标题栏及明细栏。

12		键 8×16	1	45			
11	GB/T 67—2018	螺钉 M3×14	1	Q235			
10		导杆	1	45			
9		导套	1	45			
8		支座	1	ZL103			
7	GB/T 75—2018	紧定螺钉 M6×12	1	Q235			
6		螺杆	1	45			
5		轴套	1	45			
4	GB/T 67—2018	螺钉 M5×8	3	Q235			
3	GB/T 97.2—2002	垫圈	1	Q235			
2	GB/T 71—2018	紧定螺钉 M5×8	1	Q235			
1	JB/T 7273—2014	手轮	1	酚醛塑料			
序号	代号	名称	数量	材料	单件	总计	备注
					重量		

设计				
校核		比例		微动机构
审核				
	共 张 第 张			

班级　　姓名　　学号　　日期

附 录
附录 A 习题中用到的典型立体图

第三章习题中用到的典型立体图

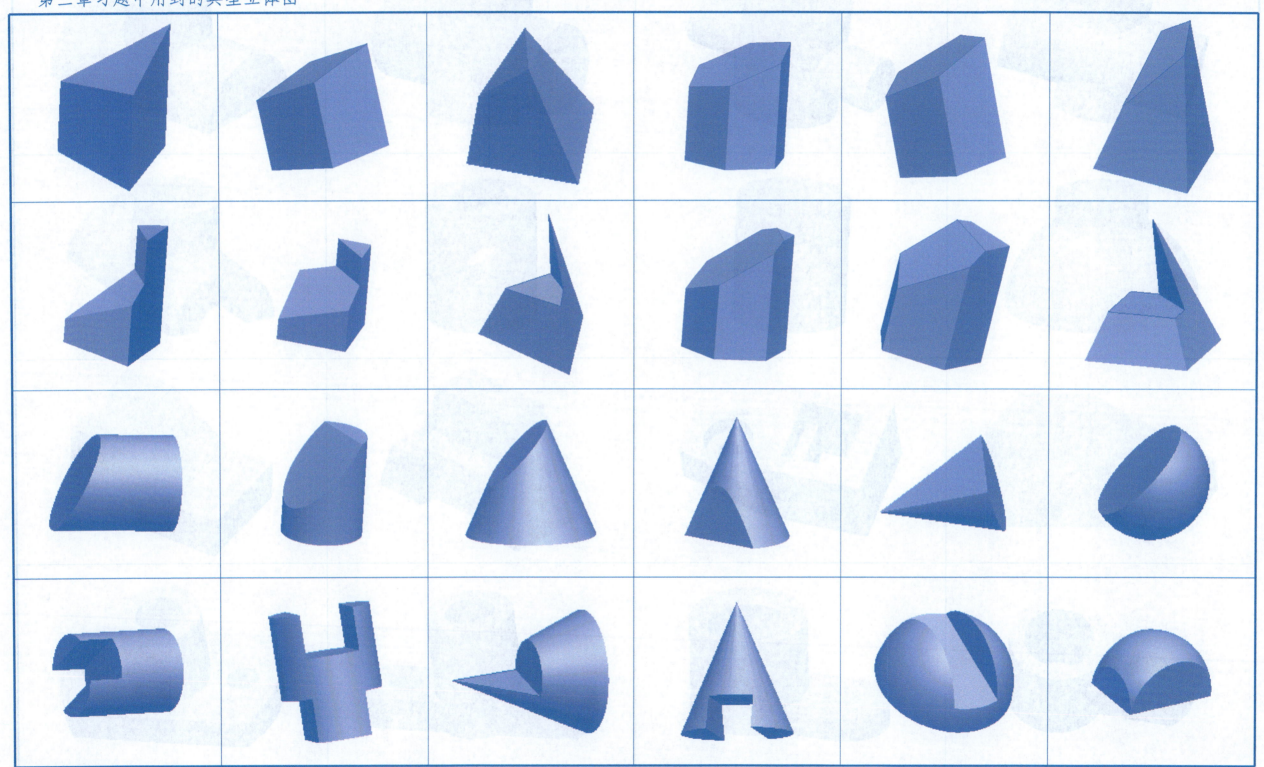

第五章习题中用到的典型立体图

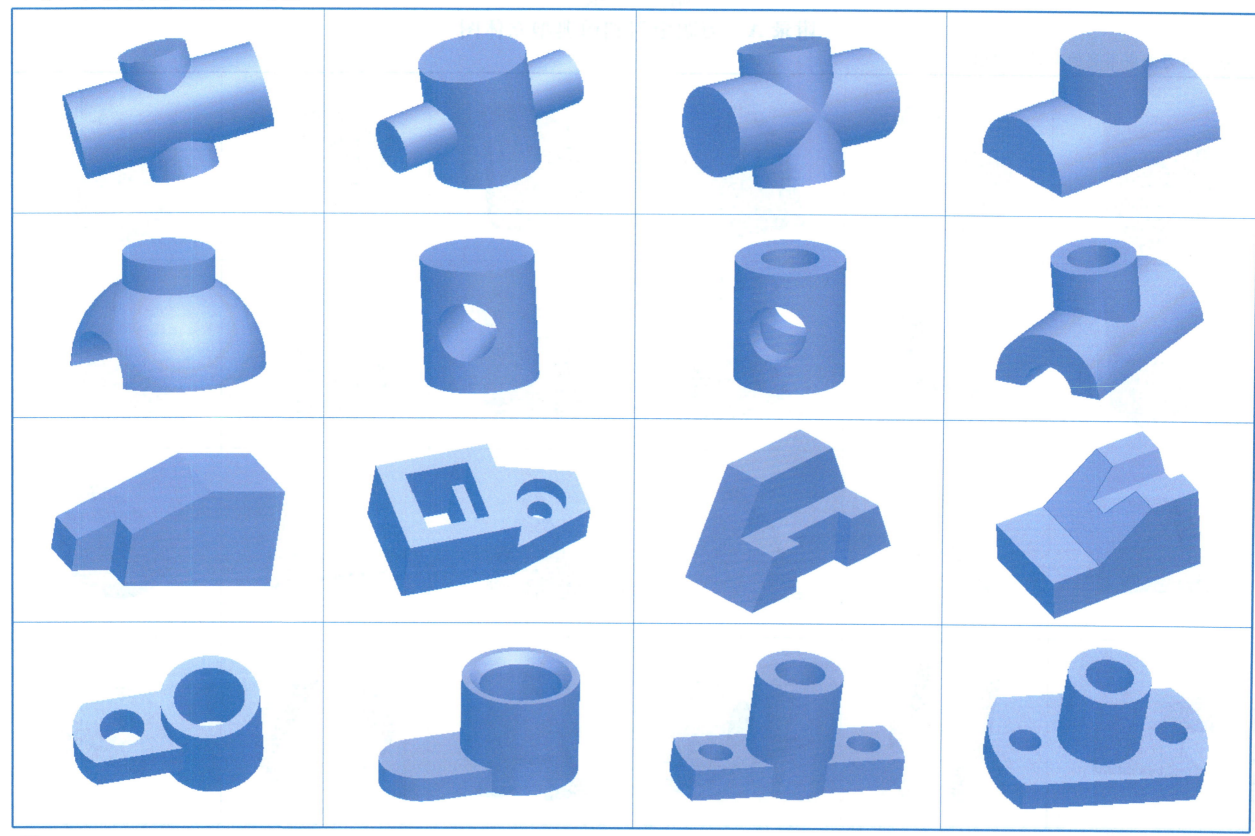

第五章习题中用到的典型立体图（续）

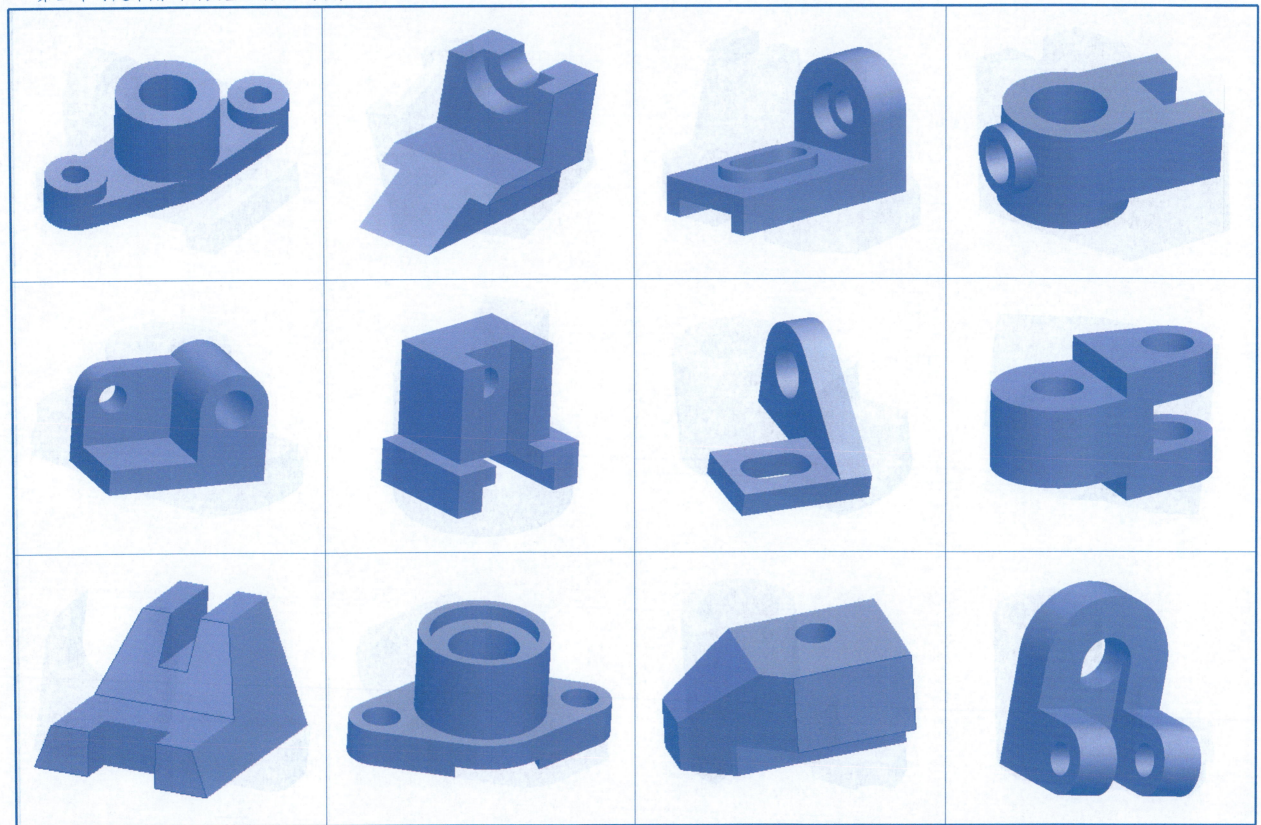

第五章习题中用到的典型立体图（续）

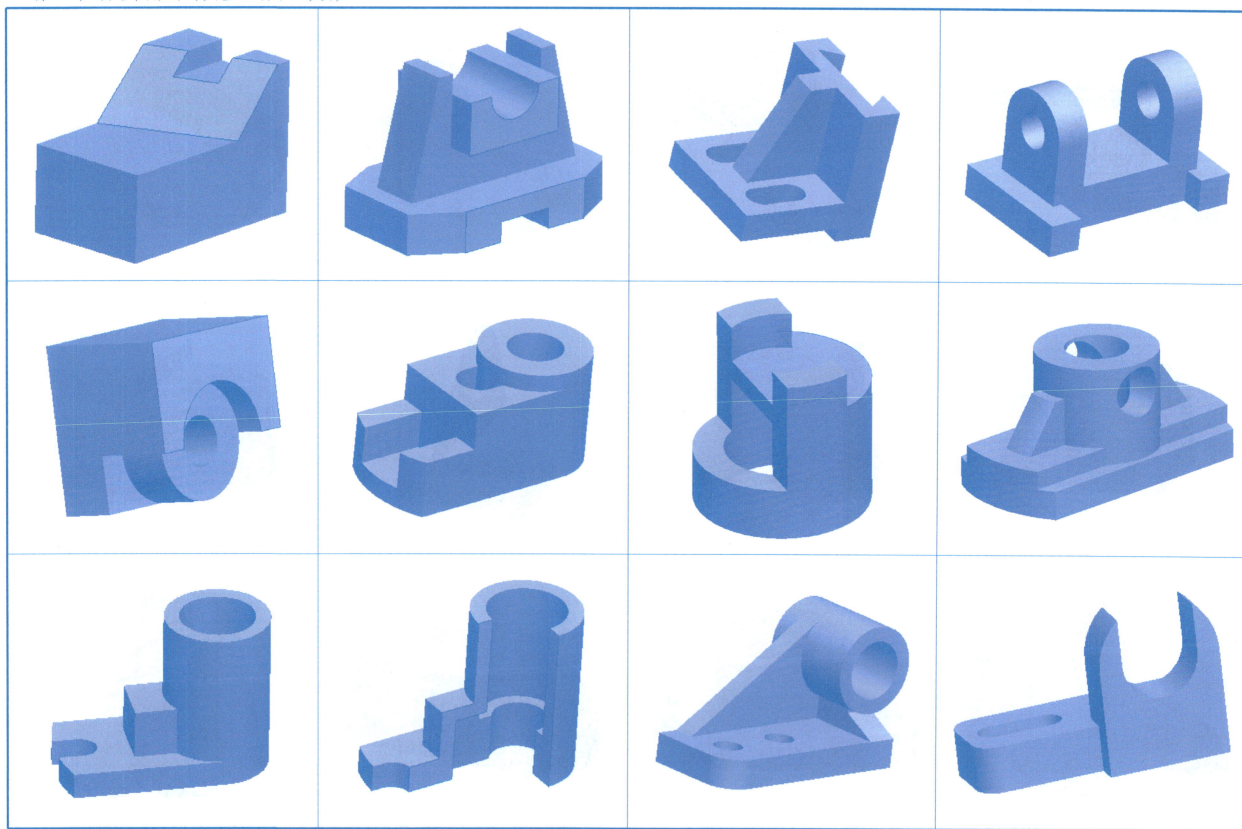

第五章习题中用到的典型立体图（续）

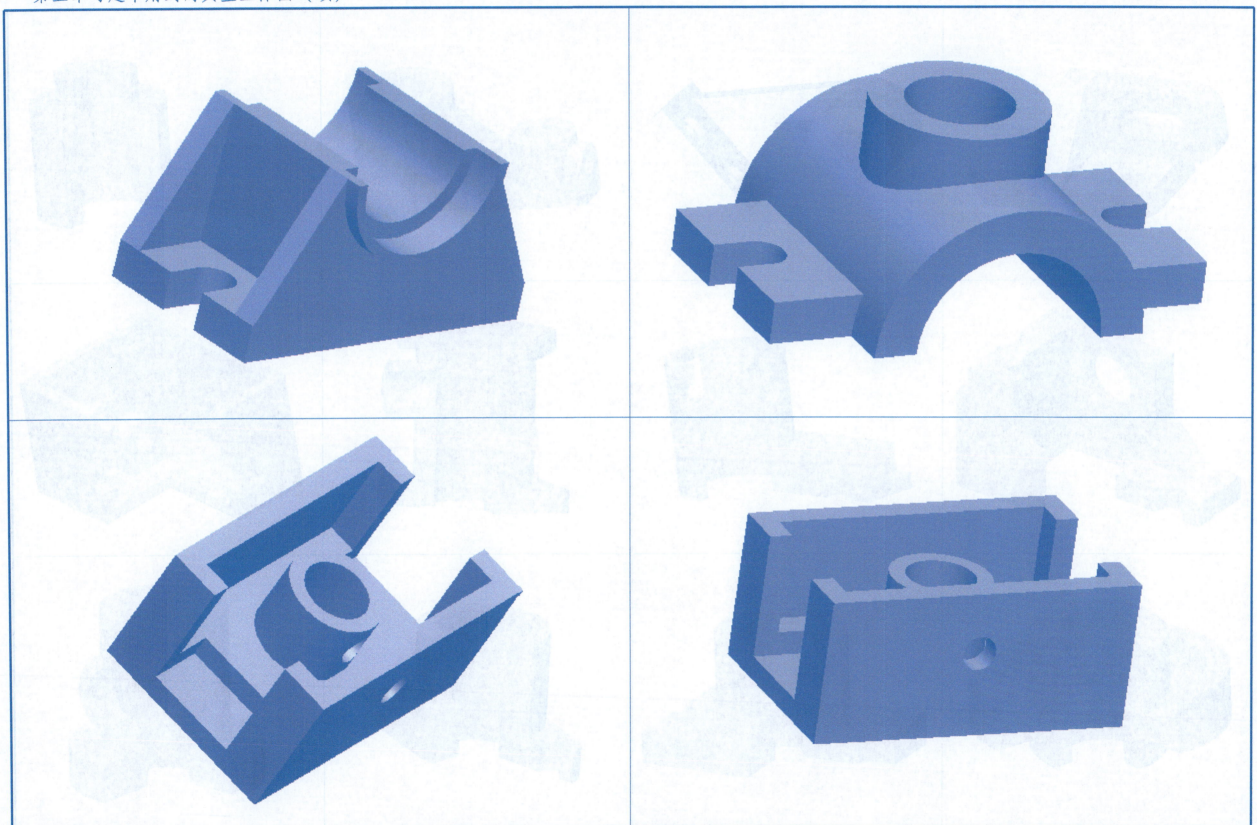

第六章习题中用到的典型立体图(续)

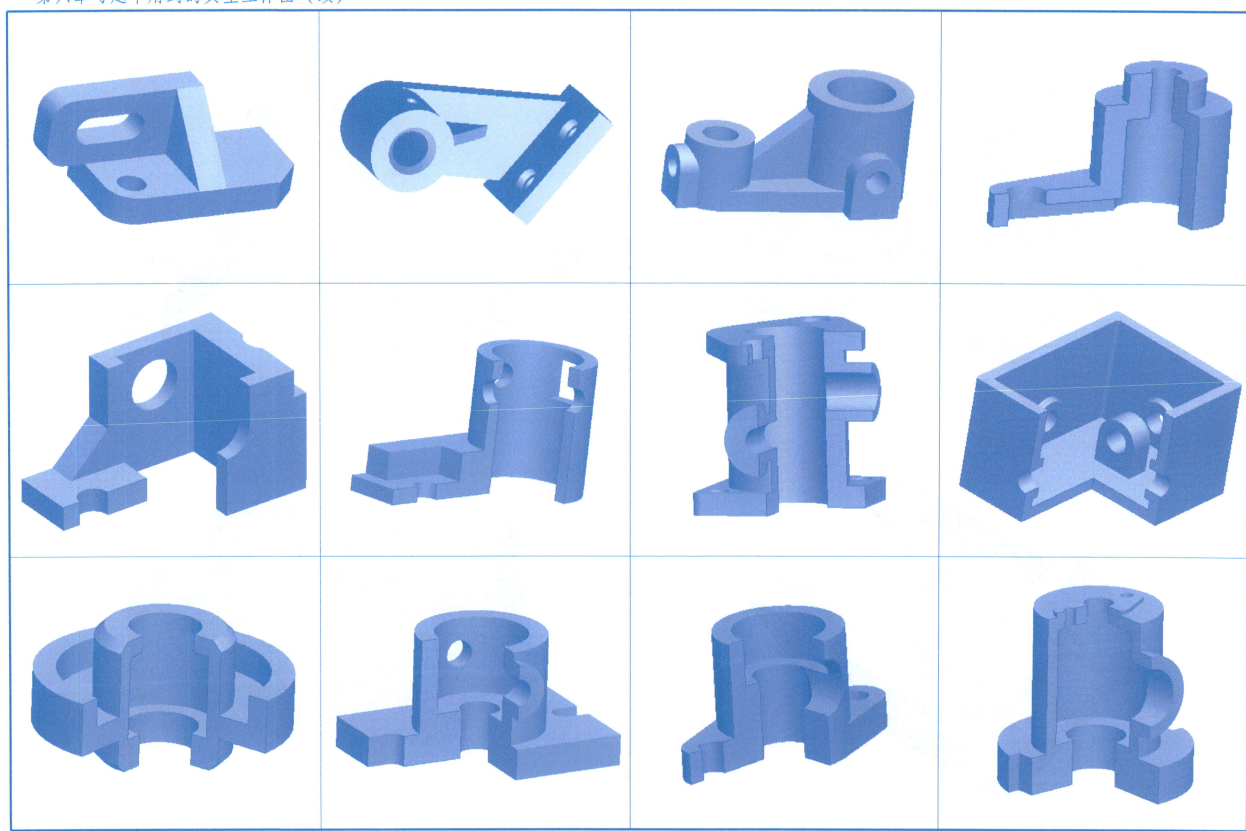

第六章习题中用到的典型立体图

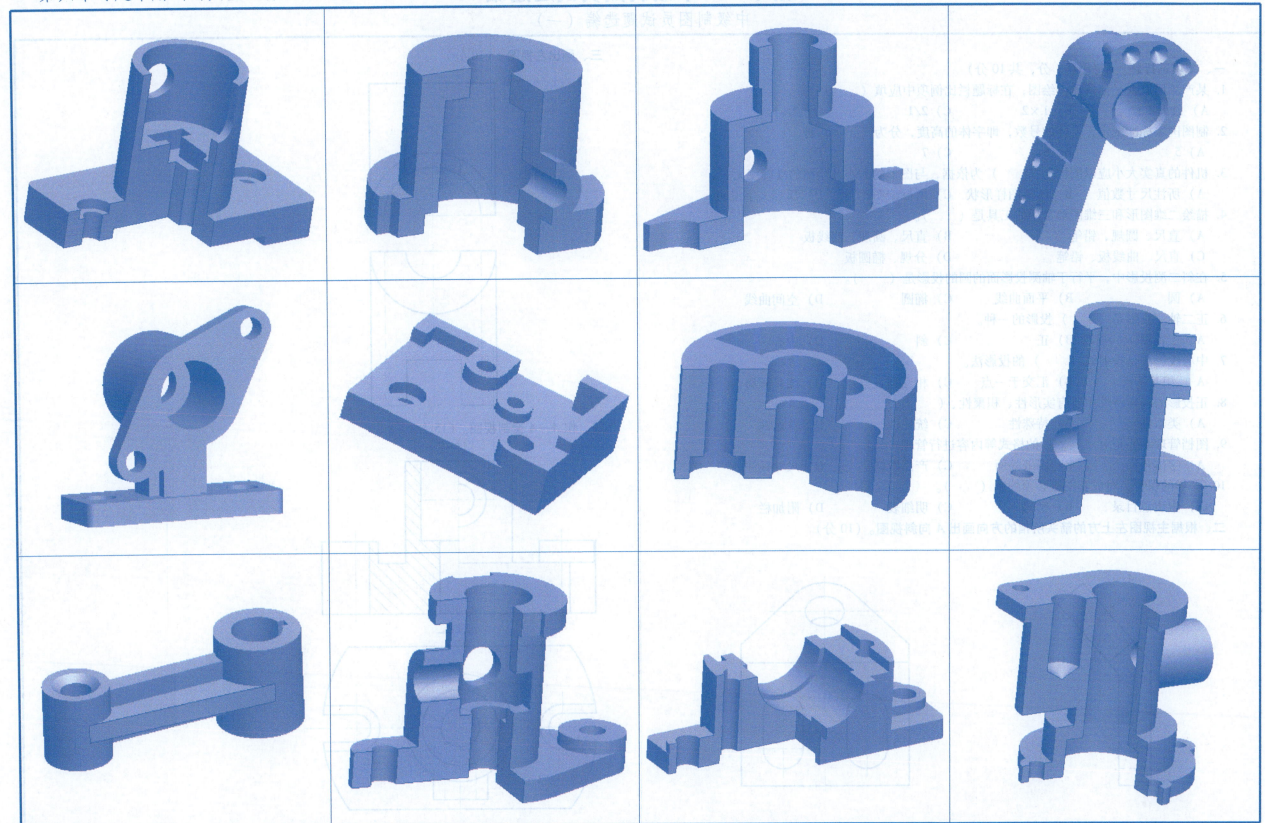

附录 B 中级制图员试题选编

中级制图员试题选编（一）

一、单项选择题。（每小题1分，共10分）

1. 某产品用放大一倍的比例绘图，在标题栏比例项中应填（　　）。
   A）放大1倍　　B）1×2　　C）2/1　　D）2：1
2. 制图国家标准规定，字体的号数，即字体的高度，分为（　　）种。
   A）5　　B）6　　C）7　　D）8
3. 机件的真实大小应以图样上（　　）为依据，与图形的大小及绘图的准确度无关。
   A）所注尺寸数值　B）所画图样形状　C）所绘图比例　D）所加文字说明
4. 描绘二维图形和三维图形常用的工具是（　　）。
   A）直尺、圆规、铅笔　　　B）直尺、圆规、曲线板
   C）直尺、曲线板、铅笔　　D）分规、椭圆板
5. 在斜二测投影中，平行于轴测投影面的圆的投影是（　　）。
   A）圆　　B）平面曲线　　C）椭圆　　D）空间曲线
6. 正二轴测投影是（　　）投影的一种。
   A）三视图　　B）正　　C）斜　　D）中心
7. 中心投影法是投射线（　　）的投影法。
   A）相互平行　　B）汇交于一点　　C）相互垂直　　D）相互倾斜
8. 正投影的基本特性主要有实形性、积聚性、（　　）。
   A）类似性　　B）特殊性　　C）统一性　　D）普遍性
9. 图档管理主要是对（　　）的格式等内容进行管理。
   A）字体　　B）图纸幅面　　C）产品图样　　D）尺寸标注
10. 图样的保管，对成套图纸必须编制（　　）。
    A）索引总目录　　B）密码　　C）明细表　　D）附加栏

二、根据主视图左上方的箭头所指的方向画出A向斜视图。（10分）

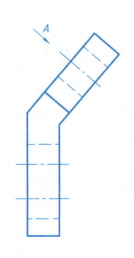
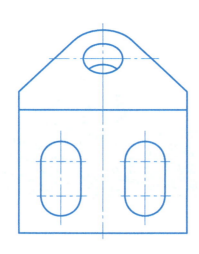

三、画出左视图。（10分）

四、作A—A全剖视图。（15分）

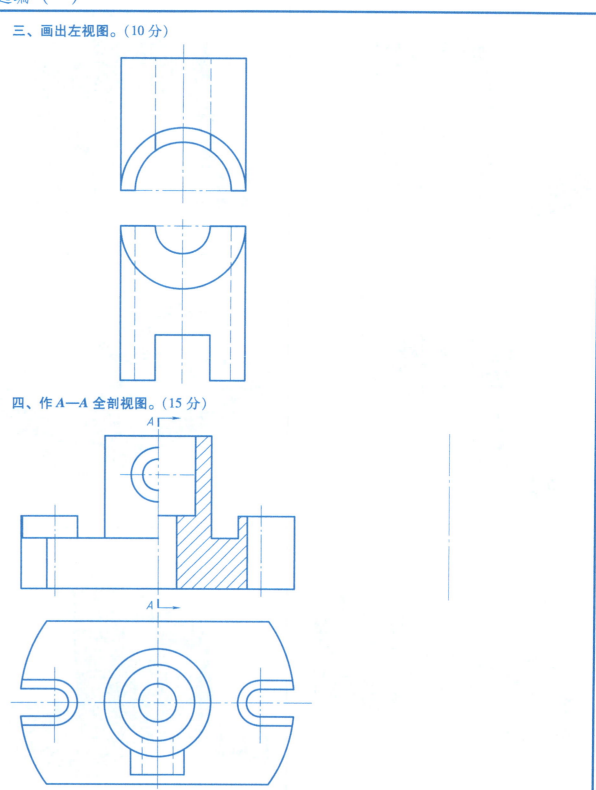

五、在右面的图中标注小轴尺寸（按1:1的比例从图中量取，尺寸数值取整）(10分)；按表中给出的表面结构要求标注。(5分)

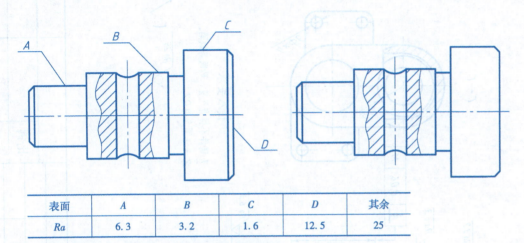

表面	A	B	C	D	其余
Ra	6.3	3.2	1.6	12.5	25

六、根据物体的投影图，画出其正等轴测图。(10分)

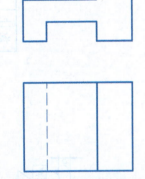

七、完成螺栓连接全剖视图中所缺的图线。(10分)

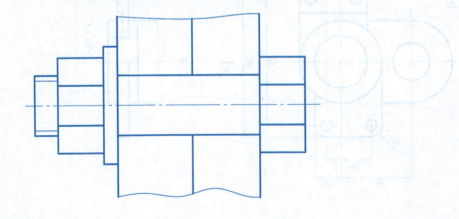

八、读"支架"零件图。(20分)
1. 在下面的空白的地方，画出主视图（B—B）的外形图。(14分)
2. 标出该零件长、宽、高的主要基准。(6分)

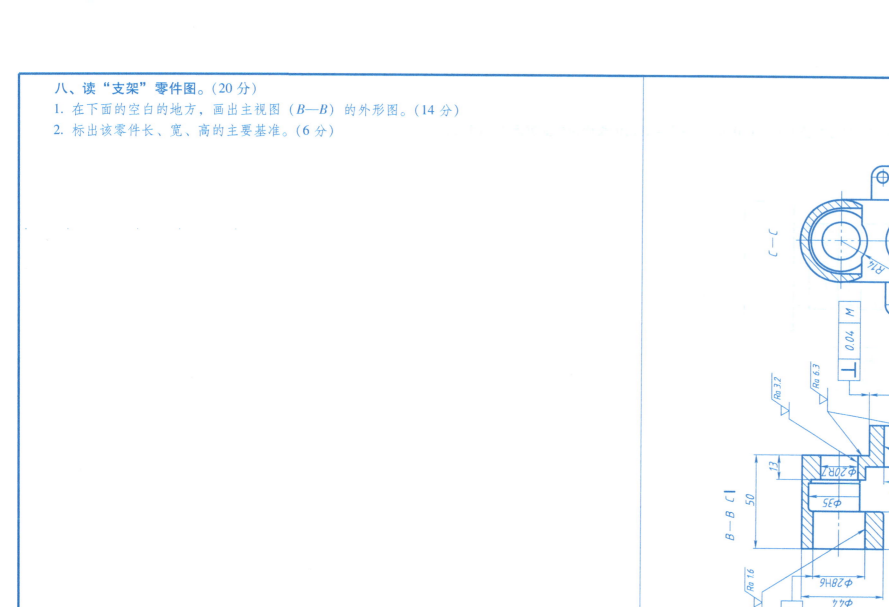
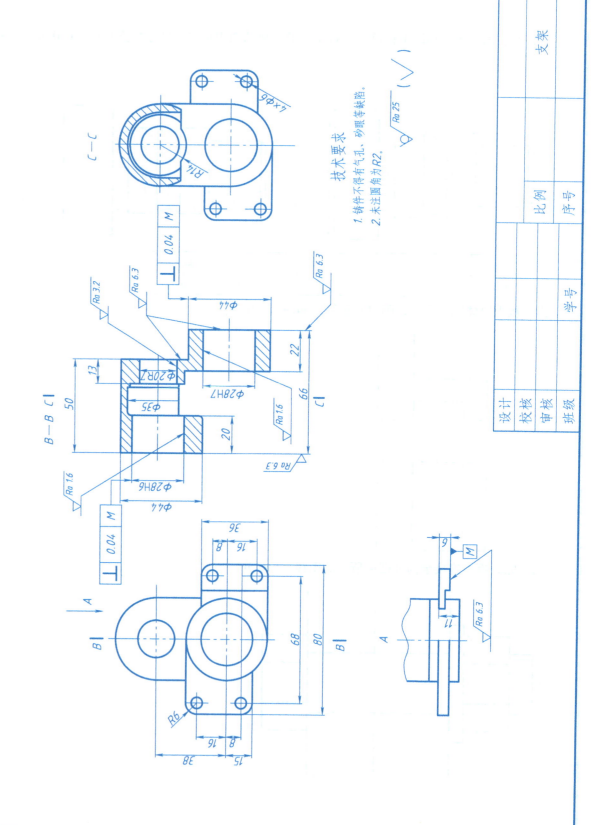

一、单项选择题（每小题1分，共10分）

1. 根据国家标准规定，双折线用以表示（　　）的边界线。
   A）不可见轮廓线　B）假想轮廓　C）对称处　D）断裂处
2. 制图国家标准规定，标注角度尺寸时，角度数值应（　　）注写。
   A）水平　B）垂直　C）倾斜　D）平行于尺寸线
3. （　　）一个投影面同时倾斜于另外两个投影面的直线为投影面的平行线。
   A）平行于　B）垂直于　C）相交于　D）交叉于
4. 点的（　　）投影反映 X、Z 坐标。
   A）右面　B）侧面　C）正面　D）水平
5. 在（　　）轴测投影图中，有两个轴测轴的轴向变形系数相同，轴间角为 90°。
   A）正二测　B）正三测　C）正等侧　D）斜二测
6. 在正二等轴测图中，有两个轴间角相同且为（　　）。
   A）97°10′　B）131°25′　C）90°　D）30°
7. 画好整体轴测装配图的关键是如何正确确立各个零件的（　　）。
   A）坐标面　B）定位面　C）顶面　D）底面
8. 用于复制图样或描绘底图的原图有三种，硬板原图、计算机绘制的设计原图和（　　）。
   A）效果图　B）草图　C）轴测图　D）设计生产中产生的铅笔图
9. 使用 CAD 软件对成套图样进行管理的条件是：事先绘出某个产品的（　　）。
   A）全部图样　B）部分图样　C）主要图样　D）大部分图样
10. 由底图或原图经过复制的（　　）是正式的技术文件，它保留原有的基础面貌并反映技术的修改和变化过程。
    A）CAD 图　B）透视图　C）复制图　D）投影图

二、在图中标注尺寸（按 1:1 的比例从图中量取，尺寸数值取整）（10分）；按表中给出的表面结构要求标注。（5分）

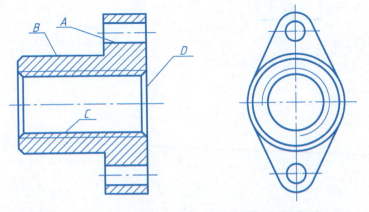

表面	A	B	C	D	其余
Ra	6.3	12.5	3.2	6.3	25

三、将左视图画成 A—A 全剖视图。（15分）

四、画出 A 向斜视图（位置自定，尺寸从图中量取）。（10分）

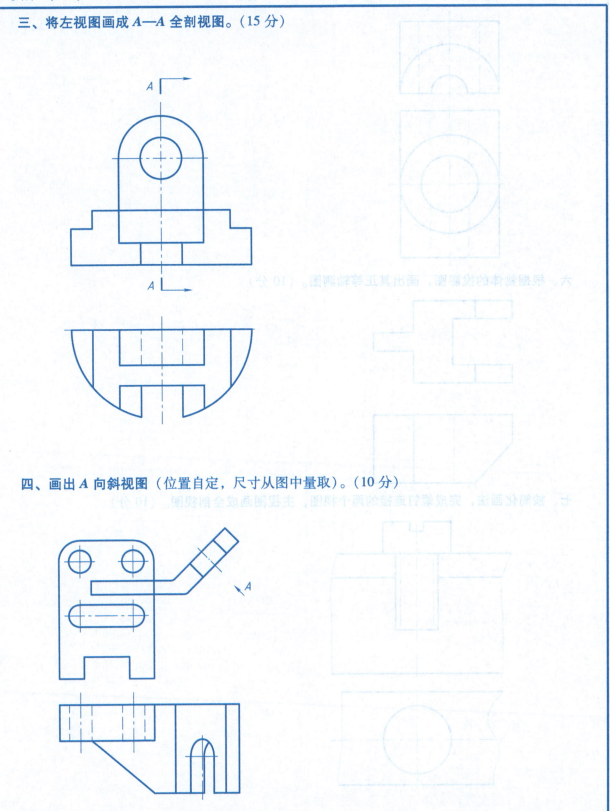

五、画出左视图(不可见的轮廓用虚线表示)。(10分)

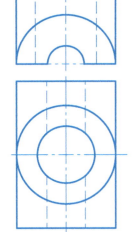

六、根据物体的投影图,画出其正等轴测图。(10分)

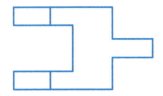

七、按简化画法,完成螺钉连接的两个视图,主视图画成全剖视图。(10分)

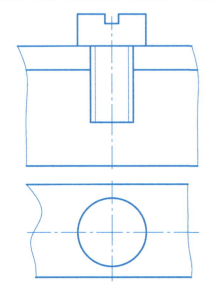

八、读"拨叉"零件图。(20分)

1. 画出 B 向视图。(14分)
2. 标出该零件长、宽、高的主要基准。(6分)

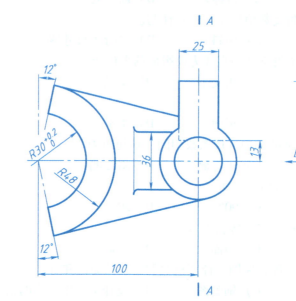
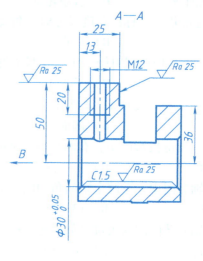

技术要求

1. 未注圆角为 R2。
2. 铸件不得有气孔、砂眼等缺陷。
3. 铸造后应去毛刺和锐角倒钝。

设计				
校核			比例	拨叉
审核				
班级		学号	序号	